太行山生物多样性保护优先区域京津冀地区植被及其变化

董雷 王乐 郭柯 刘长成 著

中国环境出版集团·北京

图书在版编目（CIP）数据

太行山生物多样性保护优先区域京津冀地区植被及其
变化/董雷等著. —北京：中国环境出版集团，2021.12
ISBN 978-7-5111-4749-3

Ⅰ.①太… Ⅱ.①董… Ⅲ.①山地—植被—研究—
华北地区 Ⅳ.①Q948.522

中国版本图书馆 CIP 数据核字（2021）第 115601 号

出 版 人 武德凯
策划编辑 王素娟
责任编辑 张 颖
责任校对 薄军霞
封面设计 岳 帅

出版发行 中国环境出版集团
　　　　　（100062 北京市东城区广渠门内大街 16 号）
　　　　　网　　址：http://www.cesp.com.cn
　　　　　电子邮箱：bjgl@cesp.com.cn
　　　　　联系电话：010-67112765（编辑管理部）
　　　　　发行热线：010-67125803，010-67113405（传真）
印　　刷 北京建宏印刷有限公司
经　　销 各地新华书店
版　　次 2021 年 12 月第 1 版
印　　次 2021 年 12 月第 1 次印刷
开　　本 787×1092　1/16
印　　张 10.5
字　　数 260 千字
定　　价 72 元

前　言

　　生物多样性是人类赖以生存的基础之一，也是生态系统的核心组成部分。建立生物多样性保护优先区域是落实联合国《生物多样性公约》的重要举措，也是《中国生物多样性保护战略与行动计划（2011—2030 年）》的基本要求。2015 年发布的《中国生物多样性保护优先区域范围》规定了 32 个陆域生物多样性保护优先区域范围。其中，太行山优先区域与环首都经济圈关系最为紧密，是京津冀地区的重要生态屏障，也是北京和雄安新区的生态与经济功能区，以及华北平原几条重要河流的主要水源地。同时，由于本区域人口密集，经济社会活动强烈，承担着极大的人口和生态压力，其生态安全和资源可持续利用在京津冀地区的人民生命财产安全、社会经济发展以及生态稳定中居于举足轻重的地位，因此，摸清京津冀地区植物群落多样性情况及其分布格局，对区域生态保护和建设、经济社会可持续发展等方面具有重要的价值。

　　对植物群落多样性进行保护是维持区域生物多样性的关键环节。对植物群落多样性进行研究有助于保护濒危物种栖息地以及合理规划与利用区域资源。近百年来，植被生态学学者对全国植物群落多样性及其分布规律做了大量翔实的研究，为我国经济社会发展、农林生产、政策制定以及科研教学等领域提供了重要的参考和指导，其中标志性的成果有《中国植被》和《中华人民共和国植被图（1∶1 000 000）》等。但是，受人类活动和气候变化的影响，很多植被发生了变化，加上早期调查数据也有欠缺，原有植被图已经不能准确反映植物群落多样性的现状，也很难满足当前生物多样性保护和生态文明建设，以及科学研究的需求。通过调查准确掌握植物群落多样性的现状，更新高分辨率的植被图是极为重要的植被生态学研究课题。其中，厘清太行山生物多样性保护优先区域的植被现状并编制植被图，对摸清京津冀地区生态本底状况，制定环首都地区可持续发展战略以及京津冀地区协同发展战略尤为重要。

本书通过详尽的传统植被调查，应用无人机、人工智能等新技术，对太行山生物多样性保护优先区域京津冀地区的植物群落及其分布规律进行了阐释，结合最新的植被分类学研究结果，提出了京津冀地区山地植被的分类标准和体系，并将京津冀地区太行山优先区域划分出 112 个自然和半自然群系类型，这些类型分属于 5 个植被型组 15 个植被型。人工植被分为农业植被和城市植被 2 个植被型组 6 个植被型。此外，本书在 15 000 多个植被类型分布样点及环境信息的数据基础上，结合多源遥感和人工智能等技术编制了该地区 1∶20 万植被图。同时，本书还分析了近 20 年研究区植被和土地利用变化情况，最后根据调查结果提出了研究区植被的主要威胁因素以及保护建议。

本书通过详尽的植被调查，获取了京津冀优先区植物群落多样性方面的基础数据，揭示了京津冀太行山优先区的植被类型、分布格局、群落特征，并基于调查数据和卫星遥感影像，编制完成了区域植被类型现状图，可为评估人类活动对区域生物多样性的影响、识别保护空缺提出完善方案，为生物多样性的合理保护提供支撑。本书亦可为全国 1∶50 万植被图的绘制提供方法探索及本底资料。

本书受《生态环境部生物多样性调查与评估项目》（NO.2019HJ2096001006）和中国科学院战略性先导科技专项（A 类）（XDA19050402）的资助。我们在项目运行和野外调查中得到了中国环境科学研究院研究员肖能文和赵志平博士的大力支持；在野外考察中还得到了中国科学院植物研究所高级工程师刘永刚，中国科学院大学硕士研究生陆帅志、王静、贾宁霞和博士研究生侯东杰，以及长治学院的武帅楷和杨延登的协助，中国科学院植物研究所的胡天宇博士、金时超博士，以及博士研究生关宏灿对植被制图给予了技术指导，并提供了部分遥感影像资料。在此一并表示感谢。

由于编者水平有限，加之时间仓促，本书难免有疏漏和错误之处，恳请各位专家学者批评指正。

董雷

2021 年 8 月

目 录

第1章 区域概况

根据《中国生物多样性保护优先区域范围》，太行山生物多样性保护优先区域除狭义的太行山地区外，还包括燕山、吕梁山等山脉的部分地区，重点保护油松（*Pinus tabuliformis*）林、白皮松（*Pinus bungeana*）林、华山松（*Pinus armandii*）林、青扦（*Picea wilsonii*）林、白扦（*Picea meyeri*）林、华北落叶松（*Larix principis-rupprechtii*）林等针叶林，以及以蒙古栎（*Quercus mongolica*）林为主的暖温带落叶阔叶林生态系统和褐马鸡（*Crossoptilon mantchuricum*）等重要物种及其栖息地。本区域属典型的暖温带大陆性半湿润-半干旱山地季风气候，气候温和，夏季高温多雨，冬季盛行西北风，寒冷干燥；植被类型以温带落叶阔叶林和温带落叶灌丛为主。

太行山生物多样性保护优先区域京津冀地区（简称京津冀优先保护区）特指北京、天津和河北三省（直辖市）范围内的太行山生物多样性保护优先区域，地理范围为38°33′13″～41°3′34″（N）、113°41′32″～117°49′53″（E）。京津冀优先保护区总面积约为$2.17×10^4 km^2$，由太行山山脉的北段（太行山片区）和燕山山脉南麓（燕山片区）组成，其中太行山片区面积约为 12 716 km²，燕山片区面积约为 8 978 km²。京津冀优先保护区平均海拔 800～900 m，最高峰为河北省的小五台山（海拔 2 882 m）。1979—2013 年京津冀优先保护区年平均降水量约为 560 mm，年平均气温约为 8.3℃。华北平原的众多河流均发源或流经于此，主要的河流有潮白河、拒马河、永定河等，此外还有官厅、密云、于桥等水库。

截至 2015 年，京津冀优先保护区总人口约为 494.6 万人，地区生产总值约为 $2.11×10^7$ 万元。

太行山地区植被类型众多，区系历史古老，生物资源丰富。本书通过实地考察结合文献调研结果共整理出本区域的自然和半自然群系类型 112 种，共 15 个植被型，以及农业植被与城市植被 6 个植被型。丰富的植被类型与本区域的区系历史和多样的环境条件有关。首先，太行山地区区系历史较为古老，区域内有较多的第三纪孑遗植物，如青檀（*Pteroceltis tatarinowii*）、臭椿（*Ailanthus altissima*）、漆（*Toxicodendron vernicifluum*）等，尤其是荆条（*Vitex negundo* var. *heterophylla*）、白羊草（*Bothriochloa ischaemum*）、黄背草（*Themeda triandra*）等第三纪孑遗植物分布广泛，证明了本区域植被区系成分具有古老性的特征。同时太行山处于蒙古高原、黄土高原以及华北平原的地理交汇处，周边区系成分的植被类型多有物种侵入与交流的情况，这为区域植被多样性提供了丰富的物种来源。例如，大针茅（*Stipa grandis*）为典型的内蒙古草原成分，金露梅（*Potentilla fruticosa*）和迎红杜鹃（*Rhododendron mucronulatum*）等植物从西南云贵一带北迁至此，而华北落叶松和白扦等植物则为带有一定的南迁性质的物种。其次，京津冀优先保护区海拔落差较大，从海拔最低的太行山和燕山东坡山麓到最高的小五台山，海拔落差达 2 700 m 以上。巨大的海拔落差导致了较大的生境差异，为本区域形成丰富多样的植被类群奠定了基础。除广泛分布的蒙古栎林、油松林、荆条灌丛等典型的温带落叶阔叶林和灌丛外，还有栓皮栎（*Quercus variabilis*）林等暖温性落叶阔叶林以及鬼箭锦鸡儿（*Caragana jubata*）灌丛、金露梅灌丛等高寒落叶灌丛以及嵩草（*Kobresia bellardii*）草甸等高寒山地植被。最后，本区域地处太平洋季风气候区的迎风区，降水相对丰沛，夏季暴雨较多，从半湿润地区到半干旱地区的过渡带山地气候性质，决定了其气候和植被的多样性，也使本区域植被对环境变化比较敏感。

1.1　燕山片区区域概况

燕山片区地处华北平原北部，在中国植被区划中，燕山在暖温带落叶阔叶林区域的北缘，植被以山地落叶阔叶林类型为主，兼有常绿针叶林、落叶阔叶灌丛、山地草甸和草原、低湿地草甸和沼泽等多种类型，植物区系组成具有温带森林区域向温带草原区域过渡的特点。特殊的地理位置、较为复杂的地貌和长期的人类活动影响，决定了该地区植被的多样性与复杂性，使其成为京津冀地区生物多样性最丰富的地区之一，生物多样性保护价值极大。

燕山片区的植被不仅是宝贵的经济资源，也是涵养水源、调节气候、维持区域生态平衡的重要条件。该地区已然成为京津冀地区重要的生态屏障之一，能够阻隔风沙东移南迁；同时也是滦河、潮白河和永定河等河流，以及密云水库、怀柔水库、官厅水库、十三陵水库、潘家口水库的重要水源地，还是重要的旅游景区和生态景观区，在促进京津冀地区的社会经济发展、维护生态安全中具有举足轻重的作用。

1.1.1　自然概况

燕山山脉呈东西走向，横亘于京津冀北部，向南"俯瞰"华北平原，东临渤海，西连黄土高原，北接内蒙古高原，是华北平原和内蒙古高原的过渡区。燕山片区面积约为 8 978 km²，行政区域上属于河北省、北京市和天津市 3 个省（直辖市），共涉及 11 个区县（县级市），包括北京市的平谷区、密云区、顺义区、怀柔区、昌平区和延庆区，河北省的遵化市、兴隆县、赤城县和怀来县,以及天津市的蓟州区。

燕山片区北部为侵蚀剥蚀山地,地貌峰谷参差,山岭重叠,地势起伏比较大,坡度多在40°以上,物理风化作用强烈;南部为低山丘陵区,地势较为平缓,部分地段和河谷侧坡堆积较厚的第四纪松散沉积物,已被广泛开发为农田。片区平均海拔约800 m,一般为250~1 500 m,最高点海拔2 118 m,位于燕山山脉中南部河北省兴隆县与北京市密云区交界的雾灵山,天津市蓟州区、北京市平谷区等与华北平原接壤的地区海拔可低至16~50 m。

燕山片区属于暖温带大陆性半湿润季风气候,冬季盛行西北风,寒冷干燥;夏季高温且有较多降雨。燕山片区的年均温为5~11℃,最热月均温为22~26℃,最冷月均温为−11~−5℃,月均温≥10℃的年积温为3 100~4 000℃,无霜期为150~180 d,干燥度为1.0~1.6,年降水量为400~800 mm。受海拔及地形影响,燕山片区气候有明显的南北差异,南部较北部更为温暖、湿润。燕山山脉南麓的年均温为7~11℃,北部年均温为5~9℃。雾灵山的年降水量最大,达800 mm,而燕山西北部的延庆区、怀来县年降水量为400 mm左右。

燕山片区是京津冀地区的重要水源地之一,众多河流发源或流经于此。主要的河流有滦河、潮白河、永定河等。该地区水量丰沛,河流流向与山地丘陵走向多呈正交趋势,峡谷较多,流水侵蚀作用强烈。在谷地边缘,受洪水冲蚀作用常形成小冲沟,从而造成较严重的水土流失。

燕山片区土壤类型较多,河谷地带常见浅色草甸土和冲积土,山地上随海拔的升高依次分布有山地褐土、山地棕壤、灰色森林土和亚高山草甸土等类型的土壤。

1.1.2 社会经济概况

燕山片区在行政区域上属于河北省、北京市和天津市3个省(直辖市),涉及的区县(县级市)包括北京市的怀柔区、密云区、昌平区、平谷区、顺义区和延庆区,河北省的遵化市、兴隆县、赤城县和怀来县,以及天津市的蓟州区。全区依托地理优势及有利的自然资源,大力发展瓜果种植业及旅游业,实现农业设施化、规模化、产业化发展。旅游业依托燕山山脉秀美的自然风光,不仅能满足京津冀地区群众节假日的短途旅游需求,还能吸引其他地区的游客,增加了当地的财政收入。

2011年,怀柔区地区生产总值为168.8亿元。怀柔区耕地少,林果资源、水资源丰富,大力发展养殖业和经济作物,可促进第一产业向第二、第三产业延伸,初步确立以西洋参、板栗、冷水鱼三大产品为主导的产业。2011年,全区实现农林牧渔业总产值为18.1亿元,其中种植业产值为6.4亿元,养殖业产值为9.9亿元;全年粮食播种面积为15.5万亩[①],粮食

---

① 1亩≈0.066 7 hm²。

产量为 6 万 t；农业观光园有 234 个，观光园总收入为 1.4 亿元；民俗旅游业实际经营户有 1 613 户，民俗旅游业总收入为 1.3 亿元。

密云区截至 2012 年税收（费）收入为 54 亿元，形成以奶牛、肉鸡和柴鸡、蜜蜂为主的生态养殖业，以板栗、苹果、梨为主的绿色林果业，以无公害蔬菜、有机杂粮、花卉为主的特色种植业。全区农业产值实现 19.4 亿元，占全区总产值的 42.5%。工业总产值为 287.2 亿元，其中规模以上工业总产值为 251.7 亿元。在规模以上工业中，汽车制造业实现产值 97.2 亿元；酒、饮料和精制茶制造业实现产值 30.4 亿元；黑色金属矿采选业实现产值 24.1 亿元。

2009 年，昌平区农林牧渔业总产值为 153 530 万元，全年粮食作物播种面积为 124 627 亩，总产量为 33 516 t；观光园个数为 207 个，民俗旅游业实际经营户为 465 户，观光休闲和民俗旅游业总收入为 23 053 万元。

延庆区于 2012 年全年实现地区生产总值 83.84 亿元，相比上一年度，其中第一产业增长了 10.5%，第二产业增长了 5.6%，第三产业增长了 12.8%。2012 年全区农林牧渔业总产值为 249 743 万元，规模以上工业企业完成工业总产值 677 005 万元。

平谷区是北京市主要的农副产品生产基地之一，南部有 6 万亩蔬菜基地，中部有 20 万亩基本粮田保护区，北部有 30 万亩果品基地。果品生产是平谷区农业经济的支柱产业和农民致富的主要来源，建成了大桃、板栗、红杏、苹果等八大果品基地，年总产量为 1.6 亿 kg，约占北京市总产量的 1/4。

2012 年，遵化市地区生产总值为 485.26 亿元，第一、第二、第三产业增加值分别为 35.26 亿元、266.27 亿元和 183.73 亿元。遵化市农业总产值为 46.1 亿元，畜牧水产养殖业实现产值 20.6 亿元。干鲜果品产量为 26 万 t，实现产值 6.1 亿元；果品加工量为 27.8 万 t，产值为 16 亿元；果品主要有板栗、核桃、苹果、桃、梨、柿子等。遵化市建有乡级高效农业示范园 19 个。遵化市工业总产值为 778.3 亿元，服务业总产值为 1 534.9 亿元。

2013 年，兴隆县完成地区生产总值 89 亿元。兴隆县大力发展林果产业，初步建成了以山楂、板栗、苹果、核桃、梨、杏、柿子为主的七大果品生产基地，全县各类果树面积达到 82 万亩，人均面积超过 3 亩，其中年产山楂 20 万 t，板栗 8.5 万 t，两类果品产量均居全国县级行政区山楂、板栗产量第一位，是全国有名的"山楂之乡""板栗之乡"。兴隆县基本形成了以冶金业、食品加工业、医药化工业为主的工业格局，建成了以河北雾灵山国家级自然保护区为龙头，兴隆溶洞、六里坪、九龙潭、奇石谷等 8 个景区相互辉映的生态旅游产品集群。2012 年全县入境游客有近 70 万人次，实现旅游业综合收入 2.31 亿元。

2016 年，赤城县地区生产总值实现 726 286 万元，全县民营经济实现增加值为 573 766 万元，全县财政收入实现 51 918 万元。全县实现农林牧渔业总产值 406 339 万元，其中，种植业产值、林业产值、畜牧业产值、渔业产值、农林牧渔服务业产值分别为 238 014

万元、28 109 万元、126 795 万元、803 万元、12 618 万元。粮食播种面积为 239 60 hm^2，全年粮食总产量为 102 288 t；蔬菜播种面积为 11 977 hm^2，蔬菜产量为 640 624 t；肉类总产量为 32 474 t，水产品产量为 773 t。全县实现工业总产值 691 418 万元。

2016 年，怀来县地区生产总值为 1 449 084 万元。全年农林牧渔总产值为 386 884 万元，全年粮食产量达 116 192 t，蔬菜产量为 186 530 t，园林水果种植面积达 31 260 hm^2，园林水果产量为 285 208 t，全县葡萄种植面积达 16 756 hm^2，葡萄产量为 186 520 t。2016 年，全县肉类产量为 39 786 t，禽蛋产量为 12 025 t，奶类产量为 93 495 t。全县接待游客 500 万人次，旅游业收入达到 15 亿元。

2012 年，蓟县（现蓟州区）地区生产总值为 283.7 亿元，第一、第二、第三产业对地区生产总值的贡献率分别为 2.8%、42.8% 和 54.4%。蓟州区是天津市的农业大区，畜牧业是蓟州区的传统产业，已建成生猪、肉牛、肉羊、肉鸭、肉鸡、蛋鸡、奶牛、水产品、特种产品九大类 145 个养殖小区，产品常年供应给天津、北京两大城市及其周边地区。干鲜果品主要有核桃、板栗、柿子、苹果、山楂（红果）、梨、葡萄等，其中盘山磨盘柿子、燕山板栗、大棉球红果、黄崖关蜜梨、野生酸枣和猕猴桃供应量大。2012 年，蓟县农业总产值为 55.5 亿元，其中，种植业产值 25.4 亿元，林业产值 0.4 亿元，畜牧业产值 26.4 亿元，渔业产值 3.3 亿元；蓟县工业企业完成销售收入 312 亿元。

1.1.3　生态概况

燕山片区地处北方农牧交错带的南缘，大量平原被开垦为农田，天然植被多残存在山地中。根据《中华人民共和国植被图（1∶1 000 000）》，燕山片区的植被可以划分为 6 个植被型组、9 个植被型、24 个群系。利用 2018 年我国土地利用现状遥感监测数据，燕山片区栽培植被面积占总面积的 13%，栽培植被以冬小麦、杂粮等粮食作物为主，多分布在南部河谷和山麓一带；自然和半自然植被面积占总面积的 79%，自然和半自然植被以森林和灌丛为主，其类型主要为暖温带落叶阔叶林、常绿针叶林和温带落叶阔叶灌丛；另外，有少量的草丛和草甸，建群种主要有白羊草（*Bothriochloa ischaemum*）、薹草（*Carex* spp.）或杂类草等。燕山片区的天然植被绝大部分为天然次生植被，只有极少数为残存的原始天然植被。燕山片区森林面积约占该片区天然植被面积的 1/5，海拔 600 m 以下低山区的天然林主要为由油松（*Pinus tabuliformis*）和多种落叶阔叶树组成的阔叶林；在海拔 600～800 m 的阴坡和海拔 800～1 000 m 的阳坡上，常常分布着蒙古栎（*Quercus mongolica*）林或侧柏（*Platycladus orientalis*）林；在海拔 1 400～1 600 m 的阴坡以及海拔 1 700～1 800 m 的阳坡，常常分布着华北落叶松（*Larix principis-rupprechtii*）林、白桦（*Betula platyphylla*）林、青扦（*Picea wilsonii*）林、白扦（*Picea meyeri*）林等。灌丛是燕山片区最主要的自然植被之一，其面积约是林地面积的 4 倍。在土层瘠薄、水分条件较差的阳坡或半阳坡,常常分布着荆条(*Vitex negundo* var. *heterophylla*)灌丛或酸枣(*Ziziphus jujuba* var. *spinosa*)灌丛;在土层较厚、水分条件较好的阴坡和半阴坡上则主要分布着三裂绣线菊(*Spiraea trilobata*)灌丛和蚂蚱腿子(*Myripnois dioica*)灌丛;其他灌丛类型有虎榛子(*Ostryopsis davidiana*)灌丛、平榛(*Corylus heterophylla*)灌丛、山杏(*Armeniaca sibirica*)灌丛等。

1.2　太行山片区区域概况

1.2.1　自然概况

京津冀优先保护区太行山片区位于太行山北段,主要涉及河北省及北京市西部,整体呈东北—西南走向,地理坐标为 38°33′~40°24′(N)、113°41′~116°13′(E),行政区域涉及北京市的昌平区、门头沟区、房山区和延庆区 4 个区,以及河北省的怀来县、涿鹿县、宣化县、蔚县、涞水县、涞源县、易县、唐县、阜平县、灵寿县、平山县 11 个县,总面积约为 $1.27×10^4\ km^2$。该片区的山体海拔一般为 600~1 300 m,最高峰为小五台山的东台,海拔为 2 882 m,此外较高的山峰还有驼梁(2 281 m)、东灵山(2 303 m)、百花山(1 991 m)等。

京津冀优先保护区太行山片区地处我国的中纬度温带、暖温带地区,气候温和,属典型的大陆性半干旱山地气候,年均温约为 7.3℃。土壤类型多为砾质壤土或砂壤土,东部及南部山地以淋溶褐土和石灰性褐土为主,海拔为 1 000~2 000 m 地带的土壤类型以森林棕壤土为主,海拔为 2 000 m 以上的土壤类型则以草甸土为主。太行山片区内河流支系众多,山地被拒马河、滹沱河、漳河等众多河流"切割",多横谷,当地称为"陉",古有"太行八陉"之称。太行山山体对太平洋暖湿气流的阻滞作用明显,迎风坡降水较多,易在夏季形成暴雨,植被类型以温带阔叶林和温带落叶灌丛为主;西坡相对干旱,分布着森林草原以及干草原。

1.2.2　社会经济概况

截至 2017 年,研究区涉及的 15 个区县总人口约为 845 万人,其中农村人口 365.7 万人;研究区域内农田面积约为 748.19km²,占研究区总面积的 5.88%。京津冀优先保护区太行山片区地区生产总值为 3 042.38 亿元,其中第一产业占比约为 6.3%。太行山片区北部粮食作物以玉米为主,中南部以"冬小麦+玉米"一年两熟作物为主,此外在太行山片区还盛产山杏、核桃、柿子、酸枣等经济作物。太行山片区人口比较密集,其东部地区人口众多,人类活动造成生态环境保护的压力巨大。

1.2.3 生态概况

太行山地区植被类型众多，区系历史古老，生物资源丰富。其中，小五台山位于华北植物区系的中心地带，也是华北地区自然植被保存最完整的地区之一。据统计，小五台山国家级自然保护区内的野生高等植物有 1 637 种，隶属 118 科 530 属，占河北全省植物种数的 52.6%。小五台山国家级自然保护区植物群落可分为针叶林、阔叶林、灌丛、灌草丛、草丛、草甸和沼生植被 7 个植被型、18 个群系组和 35 个群系。

太行山片区开发较早，据记载至少有 3 000 多年的开发历史。在元朝以前太行山被茂密的森林覆盖；在元朝以后，太行山片区森林被大量砍伐，各处遭到不同程度的破坏。由于开发历史较早，本区域原始的植被类型大部分已经被破坏，只有高山上残存少量的原生草甸植被和落叶灌木。根据《中华人民共和国植被图（1∶1 000 000）》，太行山片区的植被可以分为 7 个植被型组、29 个群系（表 1-1）。

表 1-1 《中华人民共和国植被图（1∶1 000 000）》太行山片区不同群落类型的面积及其所占比例

类型	面积/km²	比例/%
针叶林	235.32	1.85
阔叶林	4 571.38	35.95
灌丛	4 036.35	31.74
草丛	3 051.11	23.99
草甸	73.59	0.58
草原	0.59	0.01
农田	748.19	5.88
合计	12 716.53	100.00

由于本区域人口密度变大、人类活动频繁，从低丘陵区到浅山区再到深山区无不留下了深刻的人为活动干扰的印记，甚至在海拔 1 000 m 以上的地区也有不少村镇分布，这里的山坡大多被开垦，植被屡遭破坏。目前残存的植物群落多为经过多次演变之后的次生群落。人类活动的过度干扰和不合理利用是太行山地区植被的重要威胁因子。全球气候变化对区域植被类型及其群落结构的影响引起了诸多学者的关注。杨永辉等通过控制实验发现，太行山地区温度升高可能会导致部分草地群落的生产力下降。Yang 等通过研究也发现，未来温度升高可能会对森林生长和地上生物量造成负面影响。此外，随着气温升高以及极端气候增多，区域植被带迁移以及可能引起的物种灭绝和生物多样性丧失也应引起足够的重视。

1.3　植物区系概况

研究区植被是华北地区植被的典型代表，具有明显的温带植被特征以及中国—日本植物亚区的植被特点。该地区主要植物群落的优势种，如华北落叶松、蒙古栎、油松、白桦、山杨、硕桦、绣线菊、胡枝子等，几乎都是北温带植被。太行山、燕山山脉地质历史久远，生态环境复杂多样，特化出不少本区域或华北地区特有的种属，目前既有残遗种，如臭椿、文冠果、蚂蚱腿子等，也有由热带迁移来的植物，如香椿、荆条等。太行山片区地处华北平原、黄土高原以及内蒙古高原地理单元的交错区，物种生境较为复杂，与周边区域物种交流频繁。植物区系成分包括东西伯利亚森林植物区系成分，如舞鹤草（*Maianthemum bifolium*）、红花鹿蹄草（*Pyrola asarifolia* subsp. *incarnata*）等；东北地区植物区系成分，如臭冷杉（*Abies nephrolepis*）、黄檗（*Phellodendron amurense*）、胡桃楸（*Juglans mandshurica*）、刺五加（*Eleutherococcus senticosus*）等；欧亚大陆草原种类，如针茅属、苜蓿属、黄芪属等；热带亲缘种类，如荆条、黄栌等。

1.4　自然保护区概况

研究区域涵盖的自然保护区众多，其中国家级自然保护区有 8 个，分别为北京松山国家级自然保护区，北京百花山国家级自然保护区，天津八仙山国家级自然保护区，天津蓟县中、上元古界地层剖面国家级自然保护区，河北小五台山国家级自然保护区，河北驼梁国家级自然保护区，河北雾灵山国家级自然保护区，河北大海陀国家级自然保护区；另有省（市）级自然保护区 17 个和区（县）级自然保护区 7 个，并涵盖了北京的 21 个自然保护区中的 19 个；保护区总面积达 $3.36 \times 10^5 \, \mathrm{hm}^2$（表 1-2）。

表 1-2　研究区涵盖的自然保护区

保护区级别	自然保护区名称	所属区域	类型	占地面积/hm²	批建时间
国家级自然保护区	北京松山国家级自然保护区	北京市延庆区	森林生态系统	6 212.7	1985 年 4 月
	北京百花山国家级自然保护区	北京市门头沟区	森林生态系统	21 743.1	1985 年 4 月
	天津八仙山国家级自然保护区	天津市蓟州区	森林生态系统	1 049	1995 年 11 月
	天津蓟县中、上元古界地层剖面国家级自然保护区	天津市蓟州区	地质遗迹	900	1984 年 1 月

保护区级别	自然保护区名称	所属区域	类型	占地面积/hm²	批建时间
国家级自然保护区	河北小五台山国家级自然保护区	河北省张家口市	森林生态系统	21 833	2002 年 7 月
	河北驼梁国家级自然保护区	河北省石家庄市	森林生态系统	21 311.9	2011 年 4 月
	河北雾灵山国家级自然保护区	河北省承德市	森林生态系统	14 264.9	1988 年 5 月
	河北大海陀国家级自然保护区	河北省张家口市	森林生态系统	11 224.9	2003 年 6 月
省（市）级自然保护区	喇叭沟门市级自然保护区	北京市怀柔区	森林生态系统	18 482.5	1999 年 12 月
	怀沙河怀九河市级水生野生动物自然保护区	北京市怀柔区	湿地	111.2	1996 年 11 月
	野鸭湖市级湿地自然保护区	北京市延庆区	湿地	6 873	1999 年 12 月
	云蒙山市级自然保护区	北京市密云区	森林生态系统	4 388	1999 年 12 月
	云峰山市级自然保护区	北京市密云区	森林生态系统	2 233	2000 年 12 月
	雾灵山市级自然保护区	北京市密云区	森林生态系统	4 152.4	2000 年 12 月
	四座楼市级自然保护区	北京市平谷区	森林生态系统	19 997	2002 年 12 月
	蒲洼市级自然保护区	北京市房山区	森林生态系统	5 396.5	2005 年 4 月
	拒马河市级水生野生动物自然保护区	北京市房山区	湿地	1 125	1996 年 11 月
	石花洞市级自然保护区	北京市房山区	地质遗迹	3 650	2000 年 12 月
	天津盘山市级自然保护区	天津市蓟州区	森林生态系统	710	1984 年 12 月
	漫山省级自然保护区	河北省灵寿县	森林生态系统	12 028	2001 年 3 月
	银河山自然保护区	河北省阜平县	森林生态系统	36 210.9	2012 年 1 月
	大茂山省级自然保护区	河北省唐县	森林生态系统	1 353.3	2012 年 1 月
	金华山—横岭子褐马鸡省级自然保护区	河北省涞源县、涞水县	森林生态系统	33 940	1994 年 1 月
	河北摩天岭省级自然保护区	河北省易县	森林生态系统	31 060	2012 年 1 月
	六里坪猕猴省级自然保护区	河北省兴隆县	森林生态系统	14 970	2007 年 11 月

保护区级别	自然保护区名称	所属区域	类型	占地面积/hm²	批建时间
区（县）级自然保护区	玉渡山区级自然保护区	北京市延庆区	森林生态系统	9 082.6	1999 年 12 月
	莲花山区级自然保护区	北京市延庆区	森林生态系统	1 256.8	1999 年 12 月
	大滩区级自然保护区	北京市延庆区	森林生态系统	1 5432	1999 年 12 月
	白河堡区级自然保护区	北京市延庆区	森林生态系统	7 973.1	1999 年 12 月
	太安山区级自然保护区	北京市延庆区	森林生态系统	3 682.1	1999 年 12 月
	水头区级自然保护区	北京市延庆区	森林生态系统	1 362.5	2017 年 09 月
	朝阳寺市级木化石自然保护区	北京市延庆区	地质遗迹	2 050	2001 年 12 月

1.5　前期调查基础

1.5.1　植被及植物学专著

1988 年，中国林业出版社出版了由林业部组织编写的《河北森林》，书中详细描述了河北省的自然地理条件和河北省森林的分布、结构及生长状况；河北植被编辑委员会于1996 年组织编写了《河北植被》，书中全面论述了河北植被的情况，阐述了河北植被的主要类型、分类原则和单位，提出了河北植被的分类系统，对自然植被和人工植被的主要类型进行了详细的论述。王荷生等于 1997 年组织编写了《华北植物区系地理》，对华北地区的植物区系以及主要植被类型的地理分布和区系组成进行了描述。此外，由中国林业出版社出版的《北京山地植物和植被保护研究》（崔国发等，2008）和《北京湿地植物研究》（雷霆等，2010）分别对北京山地植被以及湿地植被的现状和分布做了较详细的研究与阐述，并对不同植被类型的优先保护级别进行了评价。

此外，《北京植物志》《河北植物志》《北京森林植物图谱》《小五台山植物志》《小五台山常见植物图鉴》《河北驼梁自然保护区生物多样性图集》等专著为鉴定物种、研究生物多样性以及确定物种分布提供了便利。

1.5.2　研究成果及科学考察报告

几个主要的国家级自然保护区均已有一定的研究成果，大多已出版过专门的考察报告类著作，可为野外调查提供前期参考。现仅就其中几个主要保护区及其考察报告中关于植被的部分做简要介绍。

（1）北京松山国家级自然保护区

北京松山国家级自然保护区位于北京市延庆区海陀山南麓，地处燕山山脉的军都山中，在燕山山脉强烈切割的中山地带中，总面积为 6 212.96 hm²，距北京市区约 90 km，距延庆区城区约 25 km。该保护区成立于 1985 年，1986 年经国务院批准成为国家级自然保护区。该保护区重点保护天然油松林、其他针阔叶混交林、山顶草甸和自然景观。

由原北京市林业局主编的《松山自然保护区考察专集》（1990 年）是京津冀地区较早的一部自然保护区考察报告专著。该考察专集中以法瑞学派的分类方法为基础，充分考虑建群种和特征种的作用，对保护区植被进行模糊聚类。最终选定大果榆和蒙古栎为标准区别种，把松山森林群落划为大果榆和蒙古栎两个群丛，并在此之下划分了 8 个亚群丛（相当于群系）。此后，杜连海等编著了《北京松山自然保护区综合科学考察报告》（2012年）。该考察报告使用了《中国植被》的分类体系，将松山地区植被分为针叶林、阔叶林、针阔混交林、灌丛、草甸 5 个植被型组，6 个植被型，20 个群系和 29 个群丛，并对主要植被类型的群落特征进行了描述，此外还介绍了松山地区植被分布的垂直地带性和坡度、坡向分异的特征，并提供了松山地区植被类型分布图。

（2）北京百花山国家级自然保护区

北京百花山国家级自然保护区地处北京西部，位于北京市门头沟区清水镇，总面积为 2 1743.1 hm²。北京百花山国家级自然保护区地处太行山山脉、小五台山支脉向东延伸的山地中，属于北京西山凹陷构造区的西山褶皱隆起区，大部分山地海拔高度为 1 000~2 000 m，最高峰东灵山海拔为 2 303 m，是北京第一高峰。百花山在地质构造上属于华北地台中部的燕山沉降带山地，地貌类型主要为山地侵蚀地貌。2008 年，经国务院批准北京百花山自然保护区晋升为国家级自然保护区，是以保护暖温带华北石质山地次生落叶阔叶林生态系统为主的自然保护区。有效保护北京百花山国家级自然保护区不仅有利于北京西部生态系统的稳定和生物多样性保护，而且对建设北京西部生态屏障、改善和保护北京生态环境具有十分重要的现实意义。

《北京百花山国家级自然保护区生物多样性研究》收录了百花山自然环境、社会经济的相关资料，以及中国科学院北京森林生态系统定位站、北京灵山生态研究所的研究成果资料。北京百花山自然保护区科考组于 2003 年完成了《北京百花山自然保护区科考考察报告》编写，该报告详细阐述了百花山的自然环境（包括地质、地貌、气候、水文、土壤）、植物资源现状等，还随附了百花山植被分布图。该报告将百花山地区的植被分为寒温性针叶林、温性针叶林、落叶阔叶林、落叶阔叶灌丛以及草甸5个植被型、29个群系，并对各群系的群落特征及物种组成等进行了描述。

（3）天津八仙山国家级自然保护区

天津八仙山国家级自然保护区，位于天津市蓟州区东北30 km处，地处北京、天津、唐山、承德4座城市的腹心，东邻清东陵，西接巍峨壮观的黄崖关长城，南临碧波荡漾的翠屏湖，北依雄奇险秀的雾灵山。八仙山地层属于中、上元古界长城系石英岩，中生代的燕山运动使其断裂产生了褶皱、隆起，从而形成了现今山高、坡陡、谷深的中低山地貌。八仙山是天津市地势最高、群峰汇集的地方，其中900 m以上的山峰有19座，主峰"聚仙峰"海拔1 052 m。八仙山总面积达1 049 hm²，森林覆盖率达95%以上。该保护区主要保护对象是天然次生落叶阔叶林生态系统、野生动植物资源、生物种质基因库和水源涵养地。

王天罡将八仙山植被分为3个植被型组、4个植被型共27个群系和58个群丛，并对主要群系的分布、结构、物种组成等特征进行了描述。

（4）河北小五台山国家级自然保护区

河北小五台山国家级自然保护区位于河北省西北张家口市蔚县和涿鹿县境内，东与北京市门头沟区和保定市涞水县接壤。小五台山形成于燕山运动时期，岩层属大背斜构造，山体走向为东北—西南转北西—南东，主要为构造侵蚀形成的中、亚高山地貌，山体岩石除沉积岩外还有大量的岩浆岩以及变质岩。小五台山东西长60 km，南北宽28 km，总面积为21 833 hm²。小五台山东台海拔为2 882 m，是河北省也是京津冀地区的最高峰。该保护区主要保护对象为温带森林生态系统和珍禽褐马鸡。小五台山存有华北地区为数不多的、完整的原始森林生态系统，并存有极其珍贵的原始林和次生林，植被垂直带谱的完整性居河北省之冠。小五台山是植物种类较丰富的地区之一，而且是珍禽褐马鸡的主要分布区和栖息地，是珍贵的物种基因库。

2001年，小五台山自然保护区邀请中国林业科学研究院宋朝枢先生，共同编撰了《河北小五台山自然保护区综合科学考察报告》。该考察报告将小五台山自然植被分为4个植被型、8个群系纲和31个群系，并对主要群系进行了介绍，同时还分析了小五台山地区植被和土壤分布的垂直地带性。此外，河北省林业勘察设计院和小五台山自然保护区联合编写的《河北小五台山自然保护区科学考察报告》（2001年）对小五台山地区的植被类型、动植物资源等做了比较详细的考察和研究。2011年，赵建成等编写的《小五台山植物志》正式出版，该植物志对小五台山地区的自然地理、植物区系以及植被概况进行了描述。此外，全书共收录了小五台山的野生植物118科527属1 387种（含种以下单位），并附有具有代表性的植物照片，内容翔实，图文并茂，是研究小五台山地区植物资源、生物多样性等的重要参考资料。

（5）河北驼梁国家级自然保护区

河北驼梁国家级自然保护区位于河北省平山县的西部，属太行山中段东麓。该保护区总面积达 21 311.9 hm²，驼峰海拔为 2 281 m，是河北省五大高峰之一。驼梁处在太行穹折带的北端；中生代太行山运动和新生代喜马拉雅运动形成了现代地貌格局和形态；中生代燕山运动以后，其地壳抬升幅度较大。该保护区内地质古老，岩性复杂，基岩出露面积大，因地壳变动和长期剧烈剥蚀形成山势庞大、谷深水窄的景象。驼梁是太行山生物多样性最丰富、最具代表性的山脉。该保护区内自然环境优越，地形复杂多样，温凉湿润的典型山地气候下发育了各类森林、草原和湿地植被，保护了丰富的动植物资源。河北驼梁国家级自然保护区重点保护森林生态系统、生物多样性及珍稀濒危动植物。

赵建成等编写的《河北驼梁自然保护区科学考察与生物多样性研究》（2008 年）比较全面地反映了保护区的自然地理环境特征、植被类型、动植物物种组成、生物资源、珍稀濒危物种组成与评价、保护区管理以及社区经济的基本现状。该书参照《河北植被》的分类体系将河北驼梁国家级自然保护区的植被分为针叶林、阔叶林、灌丛、灌草丛、草丛、草甸及沼生植被 7 个植被型，10 个群系纲，14 个群系组和 30 个群系。该书对驼梁地区主要的植被类型进行了描述，并提供了保护区的植被分布图（实为土地利用图）。2008 年，吴跃峰等编写的《河北驼梁自然保护区生物多样性图集》正式出版，该书图文并茂地反映了该保护区及其管护的基本概况，结合本底调查的室内研究结果，作者展示了 400 余幅照片，分为自然地理概况与植被类型、资源植物与珍稀濒危保护植物、资源动物与珍稀濒危保护动物和保护区管理与科研四部分，并附以重点说明。

李盼威等编写了《小五台山常见植物图鉴》（2016 年），该图鉴以图为主，文字为辅，按春、夏、秋、冬四季顺序，对小五台山常见植物的形态特征、生境及分布做了详细介绍。该图鉴共收录小五台山地区常见植物 552 种，其中，蕨类植物 7 种分属 5 科、5 属；裸子植物 8 种，分属 3 科、7 属；被子植物 537 种，分属 89 科、341 属。

（6）河北雾灵山国家级自然保护区

河北雾灵山国家级自然保护区坐落于河北省承德市兴隆县境内，西与北京市密云区的雾灵山市级自然保护区相邻。雾灵山主峰海拔为 2 118 m，属燕山山脉支脉，地质构造上主要受中生代造山运动和新生代造山运动的影响，同时伴随着中生代晚期的燕山岩浆侵入形成了巨大的岩基，山体主要为侵入的长石岩。该保护区总面积达 14 264.9 hm²，保护对象为温带森林生态系统和猕猴分布北限。雾灵山森林覆盖率达 93%，动植物资源十分丰富，其中有高等植物 1 870 种、陆生脊椎动物 173 种，是华北地区不可多得的物种基因库，具有极高的生态科研价值和美学价值。

河北雾灵山国家级自然保护区未见正式的考察报告出版，仅在 20 世纪 60 年代有《河北省雾灵山土壤考察报告》发表，文中对雾灵山不同海拔的土壤类型进行了报道，同时对相应海拔和土壤类型上生长的植被类型进行了介绍。2003 年，王德艺等编写的《暖温带森林生态系统》正式出版，以河北雾灵山国家级自然保护区为对象详细介绍了该地区的植被群落类型与特征、森林更新与演替，以及森林生态系统功能等，书中对河北雾灵山国家级自然保护区的植被进行了详细的研究，将其划分为 10 个植被型、337 个群系以及 1 049 个群丛，并对主要群系类型从分布及生境特点、物种组成、外貌特征、结构以及群落更新等方面进行了详细的阐述。2006 年，白顺江等编写的《雾灵山森林生物多样性及生态服务功能价值仿真研究》正式出版，该书采用多种方法对雾灵山森林生物多样性及其生态系统服务功能与价值进行了研究，利用样地调查对主要植被类型的群落特征进行了描述，并探讨了影响雾灵山生物多样性的主要驱动因子及群落的演替动态。

此外，邢韶华等编写的《北京市雾灵山自然保护区综合科学考察报告》（2013 年）对北京市雾灵山地区植被的历史变迁和类型进行介绍的同时，还总结了雾灵山地区植被的水平、垂直分布特征和坡向分异规律，并提供了北京市雾灵山植被分布图（1：60 000）。

（7）河北大海陀国家级自然保护区

河北大海陀国家级自然保护区位于张家口市赤城县西南部，海陀山的西北麓。该保护区南与北京市延庆区为邻，并以海陀山山脊线为界与北京松山国家级自然保护区相接，西邻怀来县，东北与赤城县的雕鹗镇、大海陀乡相连，该保护区总面积达 12 634 hm^2。1999 年 7 月，经河北省政府批准建立河北大海陀省级自然保护区；2003 年 6 月，经国务院批准由省级自然保护区晋升为国家级自然保护区。该保护区的主要保护对象为暖温带森林生态系统及珍稀濒危野生动植物，属森林生态系统与野生动物类型保护区。

宋朝枢等编写了《河北大海陀自然保护区科学考察集》（2002 年）。书中将大海陀地区植被划分为 4 个植被型组、6 个植被型、27 个群系，并对主要群系类型进行了描述。邢韶华等编写的《河北大海陀国家级自然保护区综合科学考察报告》（2017 年）对大海陀地区植物区系和植被状况进行了细致的考察与总结，将大海陀自然保护区内植被划分为 4 个植被型组、5 个植被型、27 个群系（考察报告中去除了针阔叶混交林这一植被型）。此书不仅对主要植被类型的群落特征进行了描述，还介绍了群落内主要物种的数量特征（密度、盖度等）。

1.5.3 其他

除上述专著和研究成果外，《北京喇叭沟门自然保护区综合科学考察报告》和《北京市雾灵山自然保护区综合科学考察报告》等著作，也分别对北京喇叭沟门、北京雾灵山等市级自然保护区的植被进行了一定的描述。此外，科研人员还在各类期刊上发表了许多与本研究区域植被相关的文献。如刘增力等（2004）、黄晓霞等（2008）、刘红霞等（2009）、仰素琴（2014）、杨思佳等（2018）对河北小五台山地区的植被和群落特征等进行了研究，徐畅等（2011）、赵诚（2012）、张博雅等（2016）、赵方莹等（2016）对北京百花山地区物种多样性及旅游干扰的影响做了研究，李东义等（2000）、刘凤芹等（2010）、鲍林林等（2011）对雾灵山地区的植被分布及典型群落特征进行了研究。以上这些研究成果为本研究区植被多样性的研究提供了大量的基础数据和资料。

第 2 章　主要植被类型

2.1　植被分类

2.1.1　中国植被分类系统

不同植被志中的植被分类，其划分方法略有不同。《中国植被》首次提出了中国植被分类的"植物群落学-生态学"原则和分类系统草案，确定了植被型、群系、群丛三级为中国植被分类的主要单位，同时加入群系组和群丛组两个辅助级。1980 年出版的《中国植被》、2011 年发表的《对中国植被分类系统的认知和建议》及 2014 年出版的《中国植物区系与植被地理》，对原有的植被分类系统进行了一定的调整和修订。郭柯等以《中国植被志》的编研为契机，对中国植被分类系统的修订进行了深入探讨，提出《中国植被分类系统修订方案》。该方案基本沿用《中国植被》的植被分类原则，以植被型（高级单位）、群系（中级单位）和群丛（低级单位）三级为主要分类单位，在 3 个主要分类单位之上分别增加辅助单位植被型组、群系组和群丛组，并提出在植被型和群系之下主要根据群落的生态差异和实际需要可再增加植被亚型或亚群系的观点。

对照《中国植被》的分类系统，《中华人民共和国植被图（1∶1 000 000）》（简称《中国植被图》）将我国植被划分的基本单位分为一级分类（相当于植被型组）、二级分类（相当于植被型）和四级分类（相当于群系）三级。而《河北植被》（1996 年）的最高分类单元为植被型（相当于植被型组），以下设群系纲、群系组和群系三级。

上述植被划分方法中最高分类等级及其对应关系见表 2-1。

以华北落叶松（*Larix principis-rupprechtii*）林为例，《中国植被》《中国植被图》《河北植被》的划分见表 2-2。

表 2-1　《中国植被》《中国植被图》《河北植被》最高分类等级及其对应关系

来源	《中国植被》	《中国植被图》	《河北植被》
最高分类等级	植被型组	一级分类	植被型
名称	针叶林	针叶林	针叶林
	—	针阔叶混交林	—
	阔叶林	阔叶林	阔叶林
	灌丛和灌草丛	—	灌草丛
	—	灌丛	灌丛
	—	草丛	草丛
	荒漠（包括肉质刺灌丛）	荒漠	—
	草原和稀树草原	草原	草原
	草甸	草甸	草甸
	沼泽	沼泽	沼生植被
		高山植被	
	高山稀疏植被	高山稀疏植被	—
	冻原		—
	水生植被	—	水生植被
	—	—	盐生植被

表 2-2　《中国植被》《中国植被图》《河北植被》对华北落叶松的分类

来源	分类				
	植被型组	植被型	植被亚型	群系组	群系
《中国植被》	针叶林				
		寒温性针叶林			
			寒温性落叶针叶林		
				落叶松林	
					华北落叶松林
《中国植被图》	植被型组（一级分类）	植被型（二级分类）			群系（四级分类）
	针叶林				
		寒温带和温带山地针叶林			
					华北落叶松林
《河北植被》	植被型	群系纲	群系组		群系
	针叶林				
		寒温性针叶林			
			寒温性落叶针叶林		
					华北落叶松林

　　考虑到实际情况并结合较新的研究成果，本书重点参考《中国植物区系与植被地理》（2014 年）和《中国植被分类系统修订方案》（郭柯等，2020）的分类体系，在群系水平上则主要参照《河北植被》的划分方法。

2.1.2　太行山优先区域植被分类系统

2.1.2.1　分类原则

根据太行山地区的实际情况，我们沿用"植物群落学-生态学"的分类原则，即以植物群落本身的特征和群落所处的生态条件为划分植被类型的依据。其中，高级单位的划分偏重于群落的生态和外貌，中级单位和低级单位的划分偏重于群落的种类组成和群落结构。

2.1.2.2　分类依据

进行植被分类时主要依据以下几个方面。

（1）群落的外貌和结构

群落的外貌主要由建群种的生活型决定。建群种生活型相同的群落往往生境和群落学特征也相似，因此常把群落的外貌和结构作为划分群落类型高级单位的主要依据。

（2）群落的物种构成

物种组成直接反映群落最主要的特征，因此能作为划分群落类型最主要的依据，其中建群种的物种组成可作为划分基本分类单元——群系的主要依据。

（3）群落的环境特征

植物与其生活的环境是一个统一的整体，植物与环境会互相影响。即使建群种相同，但是由于环境条件的差异，也可能产生不同的群落类型。例如，鹅耳枥为乔木，但在研究区由于水分条件较差，往往呈灌木状，因此总体上将其归入灌丛单元。

（4）群落的动态特征

在分类时，群落的动态特征是值得考虑的方面，如有的地区由于人为干扰比较严重，原生的落叶阔叶林被位列灌丛后的草丛代替，但在未来排除干扰的情况下仍能演替成森林。本书所分析的植被主要以现状类型为主。

2.1.2.3　分类系统

本书最终以"植被型组—植被型—群系"为基本分类单元，并以植被亚型为辅助分类单元。其格式如下：

植被型组（Vegetation Formation Group）

　　植被型（Vegetation Formation）

　　　　植被亚型（Vegetation Subformation）

　　　　　　群系（Alliance）

　　根据以上分类原则，将京津冀优先保护区太行山片区植被划分为 112 个自然和半自然群系类型，分属于 5 个植被型组、15 个植被型。该保护区人工植被分为农业植被和城市植被 2 个植被型组，6 个植被型。

2.1.3　太行山片区植物群系类型

2.1.3.1　森林

　　1）落叶针叶林

　　寒温性落叶针叶林：

　　华北落叶松（*Larix principis-rupprechtii*）林。

　　2）常绿针叶林

　　（1）寒温性常绿针叶林

　　青扦（*Picea wilsonii*）林；

　　白扦（*Picea meyeri*）林；

　　臭冷杉（*Abies nephrolepis*）林；

　　杜松（*Juniperus rigida*）林。

　　（2）温性常绿针叶林

　　油松（*Pinus tabuliformis*）林；

　　侧柏（*Platycladus orientalis*）林。

　　3）针叶与阔叶混交林

　　典型针叶与落叶阔叶混交林：

　　华北落叶松（*Larix principis-rupprechtii*）+ 白桦（*Betula platyphylla*）林；

　　华北落叶松（*Larix principis-rupprechtii*）+ 红桦（*Betula albosinensis*）林；

　　油松（*Pinus tabuliformis*）+ 蒙古栎（*Quercus mongolica*）林；

　　油松（*Pinus tabuliformis*）+ 刺槐（*Robinia pseudoacacia*）林。

　　4）落叶阔叶林

　　（1）温性落叶阔叶林

　　白桦（*Betula platyphylla*）林；

　　黑桦（*Betula dahurica*）林；

　　硕桦（*Betula costata*）林；

　　糙皮桦（*Betula utilis*）林；

　　蒙古栎（*Quercus mongolica*）林；

　　蒙古栎（*Quercus mongolica*）+ 桦树（*Betula* spp.）林；

蒙古栎（*Quercus mongolica*）＋ 山杨（*Populus davidiana*）林；

栓皮栎（*Quercus variabilis*）林；

槲树（*Quercus dentata*）林；

蒙椴（*Tilia mongolica*）林；

紫椴（*Tilia amurensis*）林；

山杨（*Populus davidiana*）林；

山杨（*Populus davidiana*）＋ 桦树（*Betula* spp.）林；

人工杨树（*Populus* spp.）林；

黄檗（*Phellodendron amurense*）林；

旱柳（*Salix matsudana*）林；

胡桃楸（*Juglans mandshurica*）林；

大叶白蜡（*Fraxinus rhynchophylla*）林；

元宝槭（*Acer truncatum*）林；

大果榆（*Ulmus macrocarpa*）林；

榆树（*Ulmus pumila*）林；

青檀（*Pteroceltis tatarinowii*）林；

暴马丁香（*Syringa reticulata* subsp. *amurensis*）林；

臭椿（*Ailanthus altissima*）林；

刺槐（*Robinia pseudoacacia*）林；

（2）暖性落叶阔叶林

红桦（*Betula albosinensis*）林；

栓皮栎（*Quercus variabilis*）林。

2.1.3.2　灌丛

1）落叶阔叶灌丛

（1）高寒落叶阔叶灌丛

金露梅（*Potentilla fruticosa*）灌丛；

鬼箭锦鸡儿（*Caragana jubata*）灌丛。

（2）温性落叶阔叶灌丛

荆条（*Vitex negundo* var. *heterophylla*）灌丛；

荆条（*Vitex negundo* var. *heterophylla*）＋ 酸枣（*Ziziphus jujuba* var. *spinosa*）灌丛；

荆条（*Vitex negundo* var. *heterophylla*）＋ 侧柏（*Platycladus orientalis*）灌丛；

山杏（*Armeniaca sibirica*）灌丛；

山杏（*Armeniaca sibirica*）＋荆条（*Vitex negundo* var. *heterophylla*）灌丛；

山桃（*Amygdalus davidiana*）灌丛；

大果榆（*Ulmus macrocarpa*）灌丛；

榆树（*Ulmus pumila*）灌丛；

蒙古栎（*Quercus mongolica*）灌丛；

三裂绣线菊（*Spiraea trilobata*）灌丛；

土庄绣线菊（*Spiraea pubescens*）灌丛；

毛花绣线菊（*Spiraea dasyantha*）灌丛；

毛花绣线菊（*Spiraea dasyantha*）+照山白（*Rhododendron micranthum*）灌丛；

绣线菊（*Spiraea* spp.）灌丛；

虎榛子（*Ostryopsis davidiana*）灌丛；

平榛（*Corylus heterophylla*）灌丛；

河朔荛花（*Wikstroemia chamaedaphne*）灌丛；

河朔荛花（*Wikstroemia chamaedaphne*）+荆条（*Vitex negundo* var. *heterophylla*）灌丛；

红丁香（*Syringa villosa*）灌丛；

暴马丁香（*Syringa reticulata* subsp. *amurensis*）灌丛；

丁香（*Syringa* spp.）灌丛；

山蒿（*Artemisia brachyloba*）灌丛；

六道木（*Abelia biflora*）灌丛；

卵叶鼠李（*Rhamnus bungeana*）灌丛；

大叶白蜡（*Fraxinus rhynchophylla*）灌丛；

小叶白蜡（*Fraxinus bungeana*）灌丛；

小叶白蜡（*Fraxinus bungeana*）＋卵叶鼠李（*Rhamnus bungeana*）灌丛；

蚂蚱腿子（*Myripnois dioica*）灌丛；

小花扁担杆（*Grewia biloba* var. *parviflora*）灌丛；

野皂荚（*Gleditsia microphylla*）灌丛；

黄栌（*Cotinus coggygria*）灌丛；

黄栌（*Cotinus coggygria*）＋小叶白蜡（*Fraxinus bungeana*）灌丛；

少脉雀梅藤（*Sageretia paucicostata*）灌丛；

胡枝子（*Lespedeza bicolor*）灌丛；

大花溲疏（*Deutzia grandiflora*）灌丛；

木香薷（*Elsholtzia stauntonii*）灌丛；

坚桦（*Betula chinensis*）灌丛；

沙棘（*Hippophae rhamnoides*）灌丛；

密齿柳（*Salix characta*）灌丛；

杠柳（*Periploca sepium*）灌丛；

青檀（*Pteroceltis tatarinowii*）灌丛；

鹅耳枥（*Carpinus turczaninowii*）灌丛。

2）常绿革叶灌丛

山地常绿革叶灌丛：

照山白（*Rhododendron micranthum*）灌丛。

2.1.3.3　草原

1）丛生草类草原

（1）丛生草类典型草原

大针茅（*Stipa grandis*）草原；

长芒草（*Stipa bungeana*）草原。

（2）根茎草类典型草原

羊草（*Leymus chinensis*）草原。

2）半灌木与小半灌木草原

半灌木与小半灌木典型草原：

铁杆蒿（*Artemisia sacrorum*）草原；

华北米蒿（*Artemisia giraldii*）草原。

2.1.3.4　草甸与草丛

1）丛生草类草甸

丛生草类典型草甸：

薹草（*Carex* spp.）草甸；

早熟禾（*Poa* spp.）草甸；

长芒稗（*Echinochloa caudata*）草甸。

2）根茎草类草甸

嵩草（*Kobresia bellardii*）＋薹草（*Carex* spp.）草甸；

野青茅（*Deyeuxia arundinacea*）草甸；

大叶章（*Deyeuxia purpurea*）草甸；

大披针薹草（*Carex lanceolata*）＋地榆（*Sanguisorba officinalis*）草甸。

3）杂类草典型草甸

龙牙草（*Agrimonia pilosa*）草甸；

地榆（*Sanguisorba officinalis*）草甸；

拳蓼（*Polygonum bistorta*）草甸；

辽藁本（*Ligusticum jeholense*）杂类草草甸；

地榆（*Sanguisorba officinalis*）+ 金莲花（*Trollius chinensis*）杂类草草甸；

苍耳（*Xanthium sibiricum*）杂类草草甸。

4）草丛

禾草草丛：

白羊草（*Bothriochloa ischaemum*）草丛；

大油芒（*Spodiopogon sibiricus*）草丛；

黄背草（*Themeda triandra*）草丛。

2.1.3.5　沼泽与水生植被

1）草本沼泽

（1）莎草沼泽

头状穗莎草（*Cyperus glomeratus*）沼泽；

扁秆藨草（*Scirpus planiculmis*）沼泽。

（2）禾草沼泽

芦苇（*Phragmites australis*）沼泽。

（3）杂类草沼泽

香蒲（*Typha orientalis*）沼泽；

千屈菜（*Lythrum salicaria*）沼泽；

黑三棱（*Sparganium stoloniferum*）沼泽；

酸膜叶蓼（*Polygonum lapathifolium*）沼泽。

2）水生植被

浮水植物群落：

莲（*Nelumbo nucifera*）群落。

2.1.3.6　农业植被

（1）粮食作物

玉米、小麦，高粱、黍及其他杂粮等。

（2）油料作物

油葵。

（3）菜园

白菜、卷心菜等蔬菜。

（4）果园

苹果、桃、杏、葡萄、柿子、枣、板栗、核桃、山楂等。

（5）其他经济作物

苗圃。

2.1.3.7　城市公园植被

主要为绿地。

2.2　主要植被类型

2.2.1　森林

森林包括落叶针叶林、常绿针叶林、针叶与阔叶混交林、落叶阔叶林 4 个植被型共37 个群系类型。

2.2.1.1　落叶针叶林

太行山片区内落叶针叶林仅有寒温性华北落叶松林一种。

华北落叶松林（*Larix principis-rupprechtii*）

华北落叶松林主要分布在海拔 900～2 100 m 的阴坡、半阴坡上，在喇叭沟门满族乡的北辛店将军寨、松山的大庄科东侧和北侧山坡、河北大海陀国家级自然保护区的九骨嘴、三间房、大西沟、海陀山、云蒙山的主峰、雾灵山的南横岭、百花山、东灵山、小五台山的飞狐峪及河北驼梁国家级自然保护区均有分布。研究区华北落叶松林总面积约为 381.52 km²，占研究区总面积的 1.76%。

华北落叶松林多生于土层较厚的棕壤中，林冠层高度为 12～20 m，胸径可达 29 cm，群落总盖度 70%～85%。其中，华北落叶松占绝对优势，并常混以蒙古栎、桦树（*Betula* spp.）、青扦、白扦等。林下灌木层稀疏，多由忍冬属（*Lonicera*）、茶藨子属（*Ribes*）、绣线菊属（*Spiraea*）等植物构成，高度约为 1.5 m，盖度一般为 10%～40%。重要值高的物种有小花溲疏（*Deutzia parviflora*）、毛榛（*Corylus mandshurica*）、花楸树（*Sorbus pohuashanensis*）、六道木（*Abelia biflora*）、叶底珠（*Securinega suffruticosa*）、东陵八仙花（*Hydrangea bretschneideri*）、刺果茶藨子（*Ribes burejense*）、薄叶鼠李（*Rhamnus leptophylla*）、大花溲疏（*Deutzia grandiflora*）、美蔷薇（*Rosa bella*）、大叶白蜡（*Fraxinus rhynchophylla*）、土庄绣线菊（*Spiraea pubescens*）、忍冬（*Lonicera japonica*）等。草本层高度为 0.1～0.45 m，平均高度约为 0.23 m，盖度 8%～70%，平均盖度为 41%，重要值高的物种有薹草（*Carex* spp.）、糙苏（*Phlomis umbrosa*）、早熟禾（*Poa* sp.）、玉竹（*Polygonatum odoratum*）、穿龙薯蓣（*Dioscorea nipponica*）、藁本（*Ligusticum sinense*）、舞鹤草（*Maianthemum bifolium*）、鼠掌老鹳草（*Geranium sibiricum*）、蛇莓（*Duchesnea indica*）、三褶脉紫菀（*Aster trinervius* subsp. *ageratoides*）等（表 2-3）。

　　从调查结果来看，太行山片区内的华北落叶松林整体生长状况良好，未见明显的破坏或砍伐痕迹，但部分邻近旅游区（如驼梁地区）的林下层有遭受游客干扰或破坏的可能，此外在蔚县"空中草原"附近，华北落叶松林邻近草原牧场和风电场的区域易受到放牧或其他人为活动的干扰。

表 2-3　华北落叶松林群落样方调查记录

群落层次	物种	拉丁名	株丛数/株（丛）	平均胸径/cm	分盖度/%	平均高度/m
乔木层	华北落叶松	*Larix principis-rupprechtii*	48	24.5	5	22
灌木层	金花忍冬	*Lonicera chrysantha*	11		8	0.75
	糙苏	*Phlomis umbrosa*	4		10	0.3
	宽叶薹草	*Carex siderosticta*	20		15	0.15
	雾灵沙参	*Adenophora wulingshanica*	3		2.5	0.27
	野青茅	*Deyeuxia arundinacea*	7		2	0.32
	东北羊角芹	*Aegopodium alpestre*	30		7	0.03
	华北楼斗菜	*Aquilegia yabeana*	29		1	0.13
	风毛菊	*Saussurea japonica*	2		5	0.1
草本层	短尾铁线莲	*Clematis brevicaudata*	1		1	0.07
	蔓假繁缕	*Pseudostellaria davidii*	2		20	0.02
	缬草	*Valeriana officinalis*	3		0.5	0.12
	棋盘花	*Zigadenus sibiricus*	1		0.5	0.4
	山尖子	*Parasenecio hastatus*	1		2	0.56
	毛茛	*Ranunculus japonicus*	1		0.5	0.47
	短毛独活	*Heracleum moellendorffii*	1		1	0.05
	拳蓼	*Polygonum bistorta*	1		0.5	0.67

地点：河北省承德市兴隆县雾灵山国家级自然保护区；海拔：1 753 m；坡向：西坡；坡度：5°；郁闭度：0.85；乔木层样方面积：20 m×20 m；灌木层样方面积：10 m×10 m；草本层样方面积：1 m×1 m。

2.2.1.2 常绿针叶林

太行山片区常绿针叶林分为寒温性常绿针叶林和温性常绿针叶林两个植被亚型。其中，寒温性常绿针叶林仅在小五台山和雾灵山等海拔较高处有少量分布，而温性常绿针叶林的分布则极其广泛。常绿针叶林冠层高度以侧柏林最低，云冷杉林最高，多为 5～18 m。云冷杉林郁闭度多在 0.7 以上，林下阴湿，灌草层欠发达。灌木层高度为 1～1.5 m，盖度多在 25%以下，以忍冬属、丁香属（*Syringa*）、蔷薇属（*Rosa*）、绣线菊属植物等为主。草本层高度约为 30 cm，盖度不到 50%，由糙苏（*Phlomis umbrosa*）、东亚唐松草（*Thalictrum minus* var. *hypoleucum*）、舞鹤草（*Maianthemum bifolium*）、鼠掌老鹳草（*Geranium sibiricum*）、薹草等构成。

1. 寒温性常绿针叶林

寒温性常绿针叶林是由建群种云杉属和冷杉属植物构成的植物群落，共有青扦林、白扦林、臭冷杉林和杜松林 4 个群系。除白扦林分布面积相对较大外，其他类型仅在小五台山和雾灵山有零星分布。

青扦（*Picea wilsonii*）林

青扦林仅在雾灵山海拔 1 600～1 800 m 的阴坡有零星分布。本次调查还在蔚县宋家庄镇附近发现了一片青扦林。

青扦林土壤为山地棕壤土，群落内以青扦占绝对优势，偶有华北落叶松、白扦、元宝槭、黑桦等，群落高度为 10～15 m，郁闭度为 0.5～0.7。样方调查显示群落内青扦密度为 1 740 株/hm²。灌木层高约为 1.1 m，盖度约为 20%，主要有六道木、土庄绣线菊、三裂绣线菊、樱桃忍冬、黑果栒子等；地表枯落物覆盖层较厚，草本层植物种类稀少，主要有糙苏、华北耧斗菜、茜草（*Rubia cordifolia*）、宽叶薹草（*Carex siderosticta*）等（表 2-4）。

表2-4 青扦林群落样方调查记录

群落层次	物种	拉丁名	株丛数/株（丛）	平均胸径/cm	平均高度/m	枝下高度/m	分盖度/%
乔木层	青扦	*Picea wilsonii*	79	13.4	10.4	5.0	64
	黑桦	*Betula dahurica*	1	10.4	9.0	3.0	1
	元宝槭	*Acer truncatum*	3	5.4	5.0	1.7	9
	华北落叶松	*Larix principis-rupprechtii*	1	15.1	12.0	3.0	5
	蒙古栎	*Quercus mongolica*	1	9.7	7.0	4.0	3
	白桦	*Betula platyphylla*	1	10.2	7.0	3.0	3

群落层次	物种	拉丁名	株丛数/株（丛）	平均胸径/cm	平均高度/m	枝下高度/m	分盖度/%
灌木层	土庄绣线菊	*Spiraea pubescens*	9		0.76		4
	六道木	*Abelia biflora*	6		0.89		10
	美蔷薇	*Rosa bella*	5		1.1		8
	黑果栒子	*Cotoneaster melanocarpus*	8		0.78		4
	樱桃忍冬	*Lonicera fragrantissima* subsp. *phyllocarpa*	7		0.63		15
	沙梾	*Cornus bretschneideri*	4		0.79		1
	毛榛	*Corylus mandshurica*	7		0.38		2
	花楸树	*Sorbus pohuashanensis*	1		0.42		0.2
	三裂绣线菊	*Spiraea trilobata*	2		0.52		0.3
	蒙古荚蒾	*Viburnum mongolicum*	2		0.84		0.2
	胡枝子	*Lespedeza bicolor*	3		0.94		2
草本层	糙苏	*Phlomis umbrosa*	2		0.3		5
	三褶脉紫菀	*Aster trinervius* subsp. *ageratoides*	5		0.25		8
	华北耧斗菜	*Aquilegia yabeana*	1		0.12		4
	太行铁线莲	*Clematis kirilowii*	1		0.07		3
	河北假报春	*Cortusa matthioli* subsp. *pekinensis*	1		0.02		1
	歪头菜	*Vicia unijuga*	3		0.2		3
	茜草	*Rubia cordifolia*	3		0.04		6
	蒙古风毛菊	*Saussurea mongolica*	2		0.04		2
	辽藁本	*Ligusticum jeholense*	2		0.05		1
	宽叶薹草	*Carex siderosticta*	2		0.1		3

地点：河北省张家口市蔚县宋家庄镇；海拔：1 513 m；坡向：北坡；坡度：12°；郁闭度：0.75；乔木层样方面积：20 m×20 m；灌木层样方面积：10 m×10 m；草本层样方面积：1 m×1 m。

青扦林原来在雾灵山有成片分布，但经几次破坏后现在仅在梧桐树沟、云岫谷以及南横岭有少量残存，主要分布于海拔 1 500 m 以上的山地阴坡上，且多数情况不能成林。其中，乔木中胸径较大的可达 60 cm 以上，估计树龄在 600 年以上，具有较高的保护价值。青扦林为雾灵山地区的一种顶极群落，如果不再遭受破坏并加以适当的人工抚育，可望在未来恢复成片的青扦林。

白扦（*Picea meyeri*）林

白扦林主要分布在小五台山地区和雾灵山海拔 1 800～2 500 m 的阴坡、半阴坡上。土壤类型为山地棕壤，土层较薄，一般在 40 cm 左右，但表层有机质含量可达 8%～10%，枯枝落叶层为 10～15 cm，土壤较肥沃。在一些海拔较高的中上坡还常形成白扦矮曲林或疏林，向上则过渡到亚高山灌丛或草甸。群落伴生物种有硕桦、红桦、白桦、密齿柳（*Salix characta*）等。林下灌木层种类多为耐阴和耐寒类型，如红丁香、土庄绣线菊、银露梅

（*Potentilla gabra*）、刚毛忍冬（*Lonicera hispida*）、蓝靛果忍冬等。草本层种类稀少，主要为山地草甸类型，如金莲花、唐松草、野罂粟（*Papaver nudicaule*）、鹿蹄草（*Pyrola calliantha*）、珠芽蓼（*Polygonum viviparum*）、蓝花棘豆（*Oxytropis coerulea*）、紫苞风毛菊（*Saussurea purpurascens*）、薹草和一些蕨类。

白扦林原是小五台山高海拔地区的一种顶极群落。白扦林群落遭受破坏后，桦木作为先锋树种往往在破坏后的迹地上迅速生长。当桦木逐渐形成一定森林群落结构后，林内光照减弱，抑制了自身的生长，反过来促进了白扦幼苗的生长，最终桦树林被白扦林替代。因此，未来在保持较少干扰的前提下，经过一定时间的演替，研究区域有望形成较大面积的白扦林。这对当地生态系统恢复、植被及生物多样性保护具有重要意义。

臭冷杉（*Abies nephrolepis*）林

臭冷杉林原本分布于我国东北、华北各地，但现在在华北许多地区已残存无几。太行山片区的臭冷杉林仅在小五台山有小片零星分布，主要分布在西台和南台海拔 1 600～2 200 m 的阴坡上。其中在湖上沟、南台道沟和大水峪阴坡等区域分布较多，为原始臭冷杉林破坏后的次生林，同云杉、落叶松或桦树混生。

臭冷杉林中常绿针叶层片占绝对优势，占比为 90% 以上，群落高度为 13～15 m。落叶阔叶层片植物种类为红桦，多为下木，重要值较低。臭冷杉林郁闭度很大，在 0.95 左右，林内潮湿。林下灌木层高度为 60～150 cm，盖度为 20%。主要灌木有北京忍冬、六道木、东陵八仙花、大叶蔷薇、茶藨子等。草本植物有中华卷柏（*Selaginella sinensis*）以及一些蕨类，盖度约为 30%。

杜松（*Juniperus rigida*）林

杜松为阳性树种，适应性强，具有喜光、抗寒、耐旱、耐瘠薄等特点。天然杜松林仅分布在小五台山脚下的涿鹿县大堡乡下刁蝉村，海拔约为 1 450 m，是在 1983 年林木良种普查时发现的。现已获得当地的重点保护并进行了人工繁育。

杜松林群落以杜松为单优势种，几近为纯林，偶见油松混生其中，树高为 5～7 m。灌木层主要有虎榛子、三裂绣线菊、六道木、刺蔷薇、平榛等。灌木盖度可达 90%，但在杜松密集的地段，灌木层盖度仅为 40%。草本层以羊胡子草（*Carex buergeriana*）、野菊花（*Chrysanthemum* spp.）为多，此外还有铁杆蒿、瓣蕊唐松草、异叶败酱（*Patrinia heterophylla*）、细叶百合、委陵菜、红纹马先蒿、狭叶柴胡、黄芩、北苍术等。杜松林多为疏林，植株矮小，建群作用小，对下层灌木和草本植物种类和数量的影响小，但发达的灌木层会抑制草本植物的生长，导致草本植物种类和数量较少。

2. 温性常绿针叶林

温性常绿针叶林有油松（*Pinus tabuliformis*）林和侧柏（*Platycladus orientalis*）林 2

个群系，分布范围较广，均以人工林或半归化的人工林为主。其中，油松林分布范围尤其广泛，分布面积约占针叶林总面积的 50%，多分布在海拔 200～1 200 m 的阴坡、半阴坡上。侧柏林分布面积约占针叶林总面积的 40%，喜暖、耐旱，多分布在海拔 600～1 000 m 的阳坡上，也有一些分布在阴坡上，位置多靠近居民点。温性常绿针叶林郁闭度为 0.5～0.8。灌木层盖度一般不足 20%，但在林冠相对稀疏开阔的地方可达 50%，由绣线菊属、胡枝子属（*Lespedeza*）、鼠李（*Rhamnus* spp.）、山杏（*Armeniaca sibirica*）、荆条（*Vitex negundo* var. *heterophylla*）等组成。草本层盖度可达 70%，由薹草、黄背草（*Themeda triandra*）、红柴胡（*Bupleurum scorzonerifolium*）、棉团铁线莲（*Clematis hexapetala*）、风毛菊（*Saussurea* spp.）、隐子草（*Cleistogenes* spp.）等组成。

油松（Pinus tabuliformis）林

油松林主要分布在海拔 950～1 250 m 的阴坡上，山地的坡度在 5°～17°，土壤类型主要为棕壤。研究区内天然油松林分布较少，大多为人工林。油松适于飞播，因此研究区内存在大面积的油松飞播造林区。油松林总面积约为 1 400.69 km^2，占区域总面积的 6.46%。

油松林群落中枯落物盖度为 90%～98%，枯落物厚度为 0.8～5 cm。群落总盖度为 70%～85%，平均盖度为 80%。乔木层高度为 8～10 m，平均高度为 9.3 m；盖度为 40%～85%，平均盖度为 60%；以油松为建群种，伴生种有黑桦、蒙古栎、鹅耳枥、白桦等。灌木层高度为 0.9～1.8 m，平均高度为 1.3 m；盖度为 42%～55%，平均盖度为 50%；重要值较大的物种有三裂绣线菊、虎榛子、荆条、平榛、小叶鼠李（*Rhamnus parvifolia*）、钩齿溲疏（*Deutzia hamata*）、鹅耳枥、铁杆蒿（*Artemisia sacrorum*）、蒙古栎等。草本层高度为 0.15～0.3 m，平均高度为 0.23 m；盖度为 8%～40%，平均盖度为 23.3%；重要值较高的物种有东亚唐松草、中华卷柏（*Selaginella sinensis*）、三褶脉紫菀（*Aster trinervius* subsp. *ageratoides*）、薹草（*Carex* spp.）、小红菊（*Dendranthema chanetii*）、糙苏（*Phlomis umbrosa*）、山楂叶悬钩子（*Rubus crataegifolius*）等（表 2-5）。

表 2-5　油松林群落样方调查记录

群落层次	物种	拉丁名	株丛数/株（丛）	平均胸径/cm	平均高度/m	分盖度/%
乔木层	油松	*Pinus tabuliformis*	50	20.10	16.00	80.00
	蒙古栎	*Quercus mongolica*	6	5.40	5.50	16.00
	元宝槭	*Acer mono*	8	9.80	12.00	11.00
	大叶白蜡	*Fraxinus rhynchophylla*	1	3.00	2.00	1.00
	山杨	*Populus davidiana*	1	9.40	11.00	2.00

群落层次	物种	拉丁名	株丛数/株（丛）	平均胸径/cm	平均高度/m	分盖度/%
灌木层	胡枝子	*Lespedeza bicolor*	2		1.20	2.00
	锦带花	*Weigela florida*	6		0.85	6.00
	巧玲花	*Syringa pubescens*	1		1.00	0.80
	土庄绣线菊	*Spiraea pubescens*	2		0.80	2.00
	蒙古栎	*Quercus mongolica*	2		0.25	0.80
	元宝槭	*Acer mono*	2		0.55	0.50
	山楂叶悬钩子	*Rubus crataegifolius*	38		0.45	12.00
	山杨	*Populus davidiana*	1		1.40	0.20
草本层	银背风毛菊	*Saussurea nivea*	4		0.25	8.00
	羊胡子薹草	*Carex callitrichos*	8		0.08	1.50
	北柴胡	*Bupleurum chinense*	4		0.75	1.50
	玉竹	*Polygonatum odoratum*	3		0.38	0.50
	蒙古蒿	*Artemisia mongolica*	2		0.67	1.00
	东亚唐松草	*Thalictrum minus* var. *hypoleucum*	2		0.40	2.00
	野青茅	*Deyeuxia arundinacea*	4		0.55	0.50
	牡蒿	*Artemisia japonica*	7		0.10	3.00
	雾灵沙参	*Adenophora wulingshanica*	2		0.45	0.50
	岩败酱	*Patrinia rupestris*	3		0.34	0.50
	茜草	*Rubia cordifolia*	1		0.07	0.50
	穿龙薯蓣	*Dioscorea nipponica*	1		0.15	0.80
	种阜草	*Moehringia lateriflora*	1		0.04	0.10
	黄瓜假还阳参	*Paraixeris denticulata*	1		0.08	0.10
	辽藁本	*Ligusticum jeholense*	1		0.53	0.25
	大油芒	*Spodiopogon sibiricus*	1		0.23	3.00
	糙苏	*Phlomis umbrosa*	1		0.45	1.00

地点：河北省承德市兴隆县雾灵山国家森林公园；海拔：1 385 m；坡向：南坡；坡度：15°；郁闭度：0.85；乔木层样方面积：20 m×20 m；灌木层样方面积：10 m×10 m；草本层样方面积：1 m×1 m。

研究区内油松林整体状况良好，但在部分地区存在一定的问题，主要问题为油松林易受火灾的影响。在本次调查中涞源县部分地区有数片被火烧过的油松林。调查人员发现火烧后大部分油松已经死亡，仅有林下灌丛和草本植物得以保存。

侧柏（*Platycladus orientalis*）林

侧柏是一种阳性树种，能在土壤干旱的瘠薄处生长。它生长缓慢、木质坚硬，是优良的用材树种。太行山片区的侧柏林多为人工林，天然侧柏林仅在较陡的山坡或人类干扰较少的山顶有一些残存。

天然侧柏林内侧柏的树龄可达几十年到上百年，但由于生长条件恶劣，往往生长缓慢。群落高度多为 4～10 m，胸径可达 25 cm 左右，平均约为 9.5 cm。群落内常伴生鹅耳枥、山杏、榆树等。灌木层高度约 1 m，盖度 30%左右，主要植物有荆条、河朔荛花、河北木蓝（*Indigofera bungeana*）、多花胡枝子（*Lespedeza floribunda*）、小叶鼠李、蚂蚱腿子（*Myripnois dioica*）、小花扁担杆（*Grewia biloba* var. *parviflora*）等。草本植物盖度为 10%～20%，草本层以菊科和禾本科种类为主，主要植物有铁杆蒿、丛生隐子草（*Cleistogenes caespitosa*）、大披针薹草（*Carex lanceolata*）、甘菊（*Dendranthema lavandulifolium*）等（表 2-6）。

表 2-6　天然侧柏林群落样方调查记录

群落层次	物种	拉丁名	株丛数/株（丛）	平均胸径/cm	平均高度/m	分盖度/%
乔木层	侧柏	*Platycladus orientalis*	46	10.7	4.9	65
	榆树	*Ulmus pumila*	4	6.5	3.0	1.0
	鹅耳枥	*Carpinus turczaninowii*	4	5.9	4.0	1.0
灌木层	荆条	*Vitex negundo* var. *heterophylla*	6		1.4	2.5
	河朔荛花	*Wikstroemia chamaedaphne*	5		1.7	2.0
	毛花绣线菊	*Spiraea dasyantha*	6		0.4	0.8
	多花胡枝子	*Lespedeza floribunda*	6		0.2	1.3
	侧柏	*Platycladus orientalis*	7		0.2	1.3
	少脉雀梅藤	*Sageretia paucicostata*	2		0.3	0.1
	鹅耳枥	*Carpinus turczaninowii*	2		0.6	0.3
草本层	大披针薹草	*Carex lanceolata*	15		0.1	15.0
	铁杆蒿	*Artemisia sacrorum*	1		0.2	1.0
	甘菊	*Dendranthema lavandulifolium*	2		0.15	2.0
	丛生隐子草	*Cleistogenes caespitosa*	1		0.15	1.0

地点：北京市房山区蒲洼乡；海拔：871 m；坡向：南坡；坡度：8°；郁闭度：0.65；乔木层样方面积：20 m×20 m；灌木层样方面积：10 m×10 m；草本层样方面积：1 m×1 m。

人工侧柏林在研究区域内分布范围较广，在海拔 800 m 以下的阳坡和半阳坡上广泛分布，尤其是在北京市周边区县，近年来营造了大面积的人工侧柏林。根据营造年限的长短，人工侧柏林的高度多为 3～10 m，密度一般为 15～25 株/hm²。群落内乔木层以侧柏占绝对优势，偶尔伴生臭椿（*Ailanthus altissim*）、火炬树（*Rhus typhina*）等；灌木层一般以荆条占绝对优势，此外还有酸枣、多花胡枝子（*Lespedeza floribunda*）、河朔荛花、小花扁担杆、卵叶鼠李（*Rhamnus bungeana*）、少脉雀梅藤（*Sageretia paucicostata*）等；林下草本层仍以禾本科植物占优势，如丛生隐子草、白羊草、黄背草等，此外还有铁杆蒿、卷柏等。

侧柏是华北地区重要的造林树种，它耐贫瘠、耐干旱，在一般树种难以生长的陡坡上、石缝中也能生长。在立地条件较差的情况下，把侧柏作为先锋树种绿化荒山，起到了改善生态环境的巨大作用。但随着时间的推移，侧柏纯林存在的问题也逐渐暴露。研究区的人工侧柏林普遍存在林分单一、长势弱、林下植被稀疏以及生态功能低下等问题。此外，大规模营造人工侧柏林可能还会对原生植被造成破坏。

2.2.1.3　针叶与阔叶混交林

针叶与阔叶混交林主要是由落叶松属、松属和桦属、栎属、刺槐属等植物种类混交而成的群落，在研究区共有 4 种类型。

华北落叶松（*Larix principis-rupprechtii*）+白桦（*Betula platyphylla*）林

华北落叶松+白桦林主要分布于东灵山、百花山、驼梁、小五台山以及大海陀山等海拔 1 450～1 800 m 的山地中。群落郁闭度为 0.6～0.7。华北落叶松高可达 12～15 m。土壤为棕色森林土，土层深厚，枯枝落叶层可达 5～8 cm，水分条件较好。乔木层中常混生山杨、青扦、白扦、红桦等。灌木层植物主要有山梅花（*Philadelphus incanus*）、虎榛子、毛榛、土庄绣线菊、沙棘、美蔷薇、东北茶藨子等（表 2-7）。

表 2-7　华北落叶松+白桦林群落样方调查记录

群落层次	物种	拉丁名	株丛数/株（丛）	平均胸径/cm	平均高度/m	分盖度/%
乔木层	华北落叶松	*Larix principis-rupprechtii*	5	39.48	24.00	25.00
	白桦	*Betula platyphylla*	11	28.37	20.27	40.00
	油松	*Pinus tabuliformis*	3	30.20	21.67	2.00
	元宝槭	*Acer truncatum*	4	3.83	4.75	5.00
	花楸树	*Sorbus pohuashanensis*	1	6.30	8.00	1.00
	硕桦	*Betula costata*	4	7.90	10.00	3.00
灌木层	山杨	*Populus davidiana*	4		0.90	1.00
	山楂叶悬钩子	*Rubus crataegifolius*	4		0.69	1.00
	华北绣线菊	*Spiraea fritschiana*	62		1.45	28.33
	野蔷薇	*Rosa multiflora* var. *multiflora*	7		0.85	3.00
	三裂绣线菊	*Spiraea trilobata*	41		1.25	50.00
	毛榛	*Corylus mandshurica*	13		1.71	5.00
	锦带花	*Weigela florida*	9		1.34	2.75
	白桦	*Betula platyphylla*	3		1.70	3.00
	裂叶榆	*Ulmus laciniata*	1		1.48	2.00
	元宝槭	*Acer truncatum*	11		1.68	3.33
	忍冬	*Lonicera* sp.	1		1.20	1.00
	巧玲花	*Syringa pubescens*	1		3.00	20.00
	东陵八仙花	*Hydrangea bretschneideri*	8		1.83	6.00

群落层次	物种	拉丁名	株丛数/株（丛）	平均胸径/cm	平均高度/m	分盖度/%
草本层	堇菜	*Viola verecunda*	3		0.08	0.50
	繁缕	*Stellaria media*	10		0.05	1.00
	东北羊角芹	*Aegopodium alpestre*	5		0.18	1.00
	穿龙薯蓣	*Dioscorea nipponica*	1		0.47	2.00
	辽藁本	*Ligusticum jeholense*	7		0.05	2.00
	唐松草	*Thalictrum* sp.	1		0.18	2.00
	禾本科	Gramineae	30		0.35	3.00
	风毛菊	*Saussurea japonica*	16		0.22	3.25
	铁线莲	*Clematis florida*	17		0.34	3.33
	类叶升麻	*Actaea asiatica*	13		0.25	3.50
	升麻	*Cimicifuga foetida*	1		0.50	5.00
	二叶舞鹤草	*Maianthemum hifolinm*	56		0.13	7.50
	乌头	*Aconitum carmichaeli*	1		1.20	8.00
	宽叶薹草	*Carex siderosticta*	71		0.15	13.33
	铃兰	*Convallaria majabs*	70		0.22	14.50
	蕨	*Pteridium aquilinum* var. *latiusculum*	6		0.30	15.00

地点：河北省承德市兴隆县雾灵山国家森林公园；海拔：1 425 m；坡向：北坡；坡度：25°；郁闭度：0.7；乔木层样方面积：20 m×20 m；灌木层样方面积：10 m×10 m；草本层样方面积：1 m×1 m。

华北落叶松（*Larix principis-rupprechtii*）＋ 红桦（*Betula albosinensis*）林

该群系主要分布在小五台山地区，海拔 1 600 m 以上区域有零星分布，但集中分布于海拔 1 900～2 500 m 处；土壤类型以山地棕壤为主；为天然林遭破坏后形成的次生林，受人为干扰的影响较少，林相外貌整齐，郁闭度通常在 0.8 以上，林下阴暗潮湿。

群落常分为两层，上层为华北落叶松，下层为红桦和青扦，常伴生白扦、中国黄花柳、白桦等树种，偶见硕桦和北京花楸。林下灌木稀少，以山地耐寒种类为主，主要灌木种类有东北茶藨子、巧玲花、六道木、五台忍冬、毛榛、悬钩子等，其植株密度和盖度均衡。由于枯落物积存较多，因此草本层多发育不良，盖度为 20%～60%，但多样性丰富，主要种类有唐松草、升麻、华北鳞毛蕨（*Dryopteris goeringiana*）、北乌头、红花鹿蹄草（*Pyrola asarifolia* subsp. *incarnata*）、细叶薹草、东方草莓等。

油松（*Pinus tabuliformis*）＋ 蒙古栎（*Quercus mongolica*）林

油松＋蒙古栎林主要分布在海拔 1 200～2 000 m 的山地阴坡至半阳坡上，土壤类型主要为山地褐土。除油松和蒙古栎外，常伴生元宝槭、山杨、白桦、花楸树等。郁闭度 0.6～0.7。林下灌丛植物主要有土庄绣线菊、山刺玫（*Rosa davurica*）、三裂绣线菊、六道木、虎榛子、蒙古荚蒾（*Viburnum mongolicum*）、沙棘、照山白（*Rhododendron micranthum*）、金花忍冬（*Lonicera chrysantha*）等。草本植物中薹草占优势，除此之外还有柴胡、苍术、铁杆蒿、白羊草、防风等。

油松（*Pinus tabuliformis*）+ 刺槐（*Robinia pseudoacacia*）林

油松+刺槐林是研究区分布面积最大的针阔叶混交林，面积约为 265.82 km²，主要分布在研究区南部，海拔 1 200 m 以下的涞源县周边以及驼梁附近靠近村庄的区域。油松+刺槐林兼有油松林和刺槐林的特征，主要为人工种植或自然扩散后形成的混交群落，部分区域也形成油松和刺槐各自占优势的小斑块。灌木层植物主要为荆条和三裂绣线菊，此外还有酸枣、薄皮木（*Leptodermis oblonga*），草本层植物主要有铁杆蒿、白羊草、北京隐子草等。

油松+刺槐林比油松纯林具有更好的生态和经济效益，其抵御病虫害和火灾的能力也较强。研究发现，混交林中油松的平均胸径、平均树高、单株材积比油松纯林分别增加了 16.98%、9.98%和 36.92%，混交林内油松蓄积量也比油松纯林增加了 4.45%。此外，混交林林下土壤湿度和土壤养分也明显高于纯林。由于混交林内温度低、湿度大，各种易燃物不易着火，火灾发生率明显降低了。混交林对局地小气候的改变有助于生物多样性的增加，还能抑制病虫害的发生。

2.2.1.4 落叶阔叶林

1. 温性落叶阔叶林

落叶阔叶林是发育在暖温带中低山地区，树种特征以温性落叶阔叶植物为主的森林类型。落叶阔叶林乔木层主要是由栎属（*Quercus*）、桦属（*Betula*）、杨属（*Populus*）、椴属（*Tilia*）、榆属（*Ulmus*）植物和刺槐（*Robinia pseudoacacia*）等树种构成的单优种或多优种群落，形成约 25 个群系类型。其中，蒙古栎林是分布范围最广、面积最大的森林类型，占研究区总面积的比例超过 10%，其可在海拔 700～1 800 m 的阴坡、半阴坡及较高海拔阳坡上广泛分布。桦木林林冠层高度为 8～16 m，郁闭度为 0.7～0.8，灌木层高度为 1～1.5 m，盖度为 40%～60%，草本层高度为 30～60 cm，盖度为 30%～50%。桦木林乔木层构成复杂，常与蒙古栎、山杨（*Populus davidiana*）、椴树等植物镶嵌混生，也可与华北落叶松构成针阔叶混交林。山杨林多分布在海拔 800～1 300 m 的阴坡、半阴坡的中下部。胡桃楸林多呈狭长带状，分布于海拔 800～1 200 m 的沟谷中。刺槐林常不连成片状分布，多集中在靠近居民点的低山、丘陵区内。总体上，落叶阔叶林灌木层片以忍冬（*Lonicera* spp.）、山楂叶悬钩子（*Rubus crataegifolius*）、毛丁香（*Syringa tomentella*）、土庄绣线菊（*Spiraea pubescens*）、溲疏（*Deutzia* spp.）、毛榛（*Corylus mandshurica*）等植物为主，更新层常见元宝槭（*Acer truncatum*）、蒙椴（*Tilia mongolica*）、大叶白蜡（*Fraxinus rhynchophylla*）等植物幼苗，草本层以玉竹（*Polygonatum odoratum*）、糙苏、东亚唐松草、短尾铁线莲（*Clematis brevicaudata*）、银背风毛菊（*Saussurea nivea*）、三褶脉紫菀（*Aster trinervius* subsp. *ageratoides*）、兴安升麻（*Cimicifuga dahurica*）、华北耧斗菜（*Aquilegia yabeana*）、露珠草（*Circaea cordata*）、大披针薹草（*Carex lanceolata*）及蕨类等植物为主。

白桦（*Betula platyphylla*）林

白桦林是桦木林中分布面积最大的一个类型。白桦林主要分布在海拔 1 000～1 900 m 的阴坡、半阴坡上。在蔚县、涞源县、赤城县等地大面积分布。研究区内面积大、长势良好的成熟白桦林出现在海陀山、雾灵山、小五台山以及驼梁等地区的山地中，并且常与其他桦木混生。在各地由于气候条件的不同分布高度略有差异。雾灵山的白桦林一般分布在海拔 1 400～1720 m 的地区，小五台山的白桦林则分布在海拔 1 000～1 900 m 的地区，驼梁的白桦林则可分布在海拔 1 400～1 800 m 的地区。群系分布年均温为–1～–7℃，极端最低气温–30～–42℃，年降水量为 350～400 mm。

白桦林外貌整齐茂密，树冠呈灰绿色，常露出通直的银白色树干。白桦为阳性树种，喜湿润，林下土壤类型主要为棕壤。乔木层一般以白桦为优势种，株高多为 12～19 m，胸径为 20～50 cm，最粗可达 70 cm。常伴生黑桦、山杨、蒙椴、花楸、色木槭、蒙古栎等。林下灌木层十分发达，高度为 0.5～2.2 m，总盖度可达 90%。灌木层通常分为两个亚层，第一亚层高为 1.5～2 m，优势种为毛榛、六道木、胡枝子等，照山白、毛丁香、沙棘、蒙古荚蒾等也比较常见；第二亚层高常在 1 m 以下，有美蔷薇、山楂叶悬钩子、金花忍冬、乌苏里鼠李等。草本层发育良好，高度一般为 5～40 cm，总盖度约 40%，草本地面芽和地下芽植物占优势，地上芽植物较少。主要有黎芦、玉竹、糙苏、歪头菜、返顾马先蒿（*Pedicularis resupinata*）、舞鹤草（*Maianthemum bifolium*）、拳蓼、美丽鳞毛蕨、地榆、宽叶薹草、矮薹草等（表 2-8）。

表 2-8　白桦林群落样方调查记录

群落层次	物种	拉丁名	株丛数/株（丛）	平均高度/m	平均胸径/cm	盖度/%
乔木层	白桦	*Betula platyphylla*	34	15.4	18.8	65
	黑桦	*Betula dahurica*	10	15.1	18.1	15
	山杨	*Populus davidiana*	2	16.3	16.8	1.5
灌木层	大花溲疏	*Deutzia grandiflora*	2	0.40		1
	山楂叶悬钩子	*Rubus crataegifolius*	14	0.22		15
	北京丁香	*Syringa pekinensis*	3	0.25		2
	河朔荛花	*Wikstroemia chamaedaphne*	3	0.35		3
	华北绣线菊	*Spiraea fritschiana*	3	0.32		3
	六道木	*Abelia biflora*	2	0.30		1

群落层次	物种	拉丁名	株丛数/株（丛）	平均高度/m	平均胸径/cm	盖度/%
草本层	大披针薹草	*Carex lanceolata*	4	0.25		7
	三褶脉紫菀	*Aster trinervius* subsp. *ageratoides*	13	0.25		20
	龙须菜	*Asparagus schoberioides*	2	0.70		5
	密花岩风	*Libanotis condensata*	2	0.15		3
	粗根鸢尾	*Iris tigridia*	3	0.15		2
	草乌	*Aconitum kusnezoffii*	1	0.70		2
	糙苏	*Phlomis umbrosa*	3	0.20		3
	歪头菜	*Vicia unijuga*	1	0.15		1

地点：北京市房山区；海拔：1 267 m；坡向：北坡；坡度：2°；郁闭度：0.75；乔木层样方面积：20 m × 20 m；灌木层样方面积：10 m × 10 m；草本层样方面积：1 m × 1 m。

白桦适应能力强、天然更新容易、病虫害少，是重要的产材树种，同时具有不可替代的生态和水土保护作用。

白桦为阳性先锋树种，随着植被演替，最终可能会被一些耐阴的针叶树种（如云杉、落叶松）逐渐侵入，形成针阔混交林或针叶林。

黑桦（*Betula dahurica*）林

黑桦林的分布范围与白桦相似，但分布面积较小。黑桦较白桦更耐旱，但不如白桦耐寒，主要在百花山、雾灵山、驼梁以及小五台山等地成片分布。黑桦林的乔木层以黑桦为主，盖度约为 60%；常伴生蒙古栎、白桦、山杨、椴树、大叶白蜡、山杏等。乔木层平均高度为 7～12 m，平均胸径为 11 cm，平均密度约为 1 800 株/hm²，郁闭度为 0.7。灌木层以榛、胡枝子为主，次优势种有土庄绣线菊、照山白、大花溲疏、雀儿舌头、太平花、红丁香、蓝靛果忍冬等，层覆盖度为 25%左右。草本层以阴性湿中生植物种类为主，如薹草、鹿蹄草、毛茛（*Ranunculus japonicus*）、珠芽蓼等（表 2-9）。

表 2-9 黑桦林群落样方调查记录

群落层次	物种名称	拉丁名	株丛数/株（丛）	平均胸径/cm	平均高度/m	分盖度/%
乔木层	黑桦	*Betula dahurica*	20	17.08	15.76	50.0
	白桦	*Betula platyphylla*	10	17.16	14.95	25.0
	山杨	*Populus davidiana*	3	24.03	16.67	10.0
	蒙古栎	*Quercus mongolica*	2	3.75	3.25	2.0
	蒙椴	*Tilia mongolica*	1	4.00	4.00	1.0
	榆树	*Ulmus pumila*	2	9.55	4.25	2.0
	元宝槭	*Acer truncatum*	12	6.07	5.48	15.0

群落层次	物种名称	拉丁名	株丛数/株（丛）	平均胸径/cm	平均高度/m	分盖度/%
灌木层	土庄绣线菊	*Spiraea pubescens*	8	0.25	0.50	1.5
	中亚卫矛	*Euonymus semenovii*	2	0.20	0.50	0.2
	五味子	*Schisandra chinensis*	16	0.35	0.60	1.7
	穿龙薯蓣	*Dioscorea nipponica*	3	1.30	0.75	0.4
	大叶白蜡	*Fraxinus rhynchophylla*	5	0.75	0.80	0.3
	蒙椴	*Tilia mongolica*	2	1.00	0.80	0.5
	花楷槭	*Acer ukurunduense*	3	0.30	0.90	0.5
	蒙古栎	*Quercus mongolica*	4	1.70	1.10	0.8
	胡枝子	*Lespedeza bicolor*	1	1.00	1.50	0.5
	冻绿	*Rhamnus utilis*	12	2.38	1.68	3.3
	元宝槭	*Acer truncatum*	25	1.98	1.70	7.3
	毛榛	*Corylus mandshurica*	27	2.13	1.85	9.0
草本层	繁缕	*Stellaria media*			0.05	1.0
	辽藁本	*Ligusticum jeholense*			0.05	2.0
	堇菜	*Viola verecunda*			0.08	0.5
	二叶舞鹤草	*Maianthemum bifolinm*			0.13	7.5
	宽叶薹草	*Carex siderosticta*			0.15	13.0
	东北羊角芹	*Aegopodium alpestre*			0.18	1.0
	唐松草	*Thalictrum* sp.			0.18	2.0
	风毛菊	*Saussurea japonica*			0.22	3.0
	铃兰	*Convallaria majabs*			0.22	14.0
	类叶升麻	*Actaea asiatica*			0.25	3.5
	蕨	*Pteridium aquilinum* var. *latiusculum*			0.30	15.0
	铁线莲	*Clematis florida*			0.34	3.0
	禾本科	Gramineae			0.35	3.0
	穿龙薯蓣	*Dioscorea nipponica*			0.47	2.0
	升麻	*Cimicifuga foetida*			0.50	5.0
	乌头	*Aconitum carmichaeli*			1.20	8.0

地点：北京市怀柔区喇叭沟门满族乡；海拔：1 130 m；坡向：南坡；坡度：15°；郁闭度：0.85；乔木层样方面积：20 m × 20 m；灌木层样方面积：10 m × 10 m；草本层样方面积：1 m × 1 m。

硕桦（*Betula costata*）林

硕桦林在我国主要分布于小兴安岭、长白山等地，生长于海拔 600～2 400 m 的地段。其在雾灵山、东灵山和百花山等地海拔 1 000～2 000 m 处有小片分布。

硕桦林乔木层由建群种硕桦构成，偶尔杂有华北落叶松、元宝槭、裂叶榆（*Ulmus laciniata*）、黄檗、中国黄花柳（*Salix sinica*）等，乔木层高为 5～9 m，总盖度为 80%左右。硕桦林的灌木层不甚发育，主要有六道木、毛榛、红丁香、绣线菊等植物，盖度多在 40%以下。草本层高为 5～30 cm，盖度可达 25%～75%，以地面芽植物占优势，地下芽植物次之。草本层常见植物有胭脂花（*Primula maximowiczii*）、拳蓼、地榆、矮薹草、狭苞橐吾（*Ligularia intermedia*）、老鹳草、毛茛、小红菊、齿叶风毛菊、牛扁（*Aconitum barbatum* var. *puberulum*）、华北楼斗菜（*Aquilegia yabeana*）、类叶升麻（*Actaea asiatica*）、大叶碎米荠（*Cardamine macrophylla*）等（表 2-10）。

表 2-10 硕桦林群落样方调查记录

群落层次	物种	拉丁名	株丛数/株（丛）	平均胸径/cm	分盖度/%	平均高度/m
乔木层	硕桦	*Betula costata*	28	16.8	65.0	15.50
	华北落叶松	*Larix principis-rupprechtii*	6	19.6	12.0	22.00
	元宝槭	*Acer truncatum*	11	7.0	10.0	7.50
	中国黄花柳	*Salix sinica*	7	10.8	10.0	14.00
	裂叶榆	*Ulmus laciniata*	4	13.1	5.0	13.50
	黄檗	*Phellodendron amurense*	1	5.5	1.0	12.00
	毛丁香	*Syringa tomentella*	5	6.2	3.0	4.00
	蒙椴	*Tilia mongolica*	2	15.0	3.0	13.00
灌木层	山梅花	*Philadelphus incanus*	9		8.0	1.50
	裂叶榆	*Ulmus laciniata*	5		1.5	1.60
	小花溲疏	*Deutzia parviflora*	2		2.0	1.50
	毛丁香	*Syringa tomentella*	4		16.0	2.00
	毛榛	*Corylus mandshurica*	3		3.0	1.60
	锦带花	*Weigela florida*	1		1.0	0.60
	元宝槭	*Acer truncatum*	3		2.5	1.60
	六道木	*Abelia biflora*	1		4.0	2.80
	青扦	*Picea wilsonii*	2		0.5	0.35
	沙梾	*Cornus bretschneideri*	3		2.5	1.20
草本层	糙苏	*Phlomis umbrosa*	1		1.5	0.60
	兴安升麻	*Cimicifuga dahurica*	1		12.0	0.70
	宽叶薹草	*Carex siderosticta*	4		1.5	0.10
	风毛菊	*Saussurea japonica*	2		2.0	0.15
	藿香	*Agastache rugosa*	1		2.0	0.70
	东亚唐松草	*Thalictrum minus* var. *hypoleucum*	1		1.0	0.30
	露珠草	*Circaea cordata*	2		0.5	0.15
	大披针薹草	*Carex lanceolata*	1		2.0	0.15
	蕨	*Pteridium aquilinum* var. *latiusculum*	1		0.3	0.40

地点：河北省承德市兴隆县雾灵山国家森林公园；海拔：1 545 m；坡向：北坡；坡度：12°；郁闭度：0.8；乔木层样方面积：20 m × 20 m；灌木层样方面积：10 m × 10 m；草本层样方面积：1 m × 1 m。

糙皮桦（*Betula utilis*）林

糙皮桦林主要分布在我国西南地区，在北京市门头沟区、昌平区、密云区等零星分布，糙皮桦极少成林。仅在百花山地区有少量糙皮桦林，其生境与硕桦、黑桦类似，群落以糙皮桦为主，偶有其他桦木属以及山杨、蒙古栎等混入，灌木层主要有忍冬属、丁香属、榛属等。

山杨（*Populus davidiana*）林

山杨林常为栎林、桦木林、云杉林及其他林型被破坏后出现的次生植被，属强阳性树种，对土壤、水分要求较高，多生长在排水良好、湿度适中的土壤环境中。其主要分布于海拔 700～1 700 m 的山地阴坡或半阴坡，阳坡偶见，且长势较差。山杨林所处土壤为山地棕壤，土层一般厚度为 30～50 cm，地表枯落物较少。

山杨林高度为 12～14 m，郁闭度 0.7，常伴生桦木。常见种有元宝槭、蒙古栎、栾树、大叶白蜡等。灌木层高度为 0.6～1.2 m，盖度为 40%，以毛榛、山楂叶悬钩子、六道木、山梅花、金花忍冬、钩齿溲疏、锦带花、小花溲疏、土庄绣线菊等为主。草本层高度为 40 cm，盖度为 15%～45%，以糙苏、东亚唐松草、穿龙薯蓣（*Dioscorea nipponica*）、三褶脉紫菀、茜草等为主（表 2-11）。

由于山杨是其他森林类型破坏后的先锋树种，随着山杨林群落的演替，其他物种会逐渐侵入。因此，山杨林演替后期常与蒙古栎、桦木等混生，形成混交林。

山杨生长迅速，树干挺直，木材生产量大，是很好的用材树种。山杨往往成片萌生，有较强的水土保护功能。但山杨寿命较短，且易发生虫害、害腐心病，因此在保持生态平衡、加强管理的同时，应适当采伐、合理开发。

表 2-11　山杨林群落样方调查记录

群落层次	物种	拉丁名	株丛数/株（丛）	平均胸径/cm	分盖度/%	平均高度/m
乔木层	山杨	*Populus davidiana*	57	17.30	73.0	13.00
	元宝槭	*Acer truncatum*	6	7.00	11.0	6.00
	毛丁香	*Syringa tomentella*	1	6.33	2.0	4.00
	蒙古栎	*Quercus mongolica*	3	13.00	5.0	10.00
	栾树	*Koelreuteria paniculata*	1	13.36	1.5	7.50
灌木层	蒙古栎	*Quercus mongolica*	1		0.5	1.10
	小花溲疏	*Deutzia parviflora*	12		12.0	1.16
	巧玲花	*Syringa pubescens*	2		3.0	1.60
	元宝槭	*Acer truncatum*	2		0.5	1.75
	山杨	*Populus davidiana*	2		1.0	1.90
	胡枝子	*Lespedeza bicolor*	2		3.0	1.85

群落层次	物种	拉丁名	株丛数/株（丛）	平均胸径/cm	分盖度/%	平均高度/m
灌木层	钩齿溲疏	*Deutzia hamata*	1		1.0	1.65
	土庄绣线菊	*Spiraea pubescens*	12		4.0	0.45
	锦带花	*Weigela florida*	2		1.0	0.70
	大叶小檗	*Berberis ferdinandi-coburgii*	2		0.5	0.55
	山楂叶悬钩子	*Rubus crataegifolius*	20		8.0	0.39
	山梅花	*Philadelphus incanus*	2		2.0	1.60
草本层	东亚唐松草	*Thalictrum minus* var. *hypoleucum*	2		6.0	1.05
	草乌	*Aconitum kusnezoffii*	1		1.5	0.85
	野青茅	*Deyeuxia arundinacea*	3		4.0	0.45
	穿龙薯蓣	*Dioscorea nipponica*	1		1.5	0.58
	糙苏	*Phlomis umbrosa*	1		1.5	0.48
	大披针薹草	*Carex lanceolata*	2		2.0	0.28
	茜草	*Rubia cordifolia*	1		1.0	0.80
	蓝萼香茶菜	*Rabdosia japonica* var. *glaucocalyx*	1		1.0	0.70
	双黄花堇菜	*Viola biflora*	1		0.5	0.15
	龙须菜	*Asparagus schoberioides*	1		0.5	0.45
	牛尾蒿	*Artemisia dubia*	2		2.0	0.70
	风毛菊	*Saussurea japonica*	2		1.0	0.20
	玉竹	*Polygonatum odoratum*	1		0.2	0.20
	铃兰	*Convallaria majabs*	1		0.2	0.23

地点：河北省承德市兴隆县雾灵山国家森林公园；海拔：1 490 m；坡向：南坡；坡度：28°；郁闭度：0.75；乔木层样方面积：20 m×20 m；灌木层样方面积：10 m×10 m；草本层样方面积：1 m×1 m。

山杨（*Populus davidiana*）+ 桦树（*Betula* spp.）林

山杨+桦树林主要为山杨和白桦的混交林，有时有红桦混入，主要分布在海拔 1 200～2 100 m 的阳坡或半阴坡。土壤为山地褐土或棕壤。山杨+桦树林多为针叶林或其他落叶阔叶林遭到破坏后形成的次生群落，或是白桦侵入山杨林后经过演替阶段产生的。

山杨+桦树林群落高度为 10～20 m，胸径为 10～25 cm，最大可达 40 cm 以上。灌木层主要有三裂绣线菊、虎榛子、黄刺玫、沙棘等，草本层有细叶薹草、东亚唐松草、蓝花棘豆、狭叶橐吾、林荫千里光（*Senecio nemorensis*）等（表 2-12）。

表 2-12 山杨+桦树林群落样方调查记录

群落层次	物种	拉丁名	株丛数/株（丛）	平均胸径/cm	分盖度/%	平均高度/m
乔木层	山杨	*Populus davidiana*	10	28.01	28.00	17.20
	白桦	*Betula platyphylla*	4	17.78	13.00	14.75
	丁香	*Syringa* sp.	1	4.50	1.50	3.00
	元宝槭	*Acer truncatum*	5	5.15	8.00	7.40
	裂叶榆	*Ulmus laciniata*	4	13.17	9.00	11.50
	硕桦	*Betula costata*	5	18.40	16.00	15.80
	花楸树	*Sorbus pohuashanensis*	7	15.60	15.00	16.79
	青扦	*Picea wilsonii*	1	42.10	3.00	23.00
灌木层	元宝槭	*Acer truncatum*	1	0.50	0.50	0.80
	刺五加	*Acanthopanax senticosus*	20	0.68	2.75	1.01
	裂叶榆	*Ulmus laciniata*	2	1.35	0.60	1.05
	东陵八仙花	*Hydrangea bretschneideri*	7	1.67	1.83	1.14
	小花溲疏	*Deutzia parviflora*	8	1.15	2.50	1.30
	紫丁香	*Syringa oblata*	5	0.80	5.00	1.55
	毛榛	*Corylus mandshurica*	30	1.30	10.00	1.60
	丁香	*Syringa* sp.	14	1.37	4.67	1.77
	山杨	*Populus davidiana*	29	2.00	3.88	1.88
草本层	双花黄堇菜	*Viola biflora*	20		3.00	0.05
	堇菜	*Viola verecunda*	28		5.00	0.07
	北重楼	*Paris verticillata*	1		1.00	0.12
	白花碎米荠	*Cardamine leucantha*	9		2.50	0.25
	风毛菊	*Saussurea japonica*	4		2.83	0.27
	蕨	*Pteridium aquilinum* var.*latiusculum*	6		18.00	0.34
	类叶升麻	*Actaea asiatica*	1		2.00	0.40

地点：河北省承德市兴隆县雾灵山国家森林公园；海拔：675 m；坡向：东北坡；坡度：25°；郁闭度：0.8；乔木层样方面积：20 m×20 m；灌木层样方面积：10 m×10 m；草本层样方面积：1 m×1 m。

人工杨树（*Populus* spp.）林

人工杨树林主要分布在海拔 700 m 以下、村落附近土地相对平整的地区；常在河道、农田周围呈条带状分布。有些杨树林由于栽培时间较久，已归为半自然群落。其类型主要有青杨（*Populus cathayana*）、北京杨（*Populus beijingensis*）、河北杨（*Populus hopeiensis*）、加杨（*Populus canadensis* cv. *Robusta*）、毛白杨（*Populus tomentosa*）等。

人工杨树林多为纯林，偶有与刺槐混交的群落。群落内还可能混入国槐（*Styphnolobium japonicum*）、臭椿、榆树等。林下灌木层一般不发达或缺失，偶有三裂绣线菊、山楂叶悬钩子、小花溲疏等植物。草本层多为田间杂草、且易受割草、放牧和踩踏影响，常见草本植物有大披针薹草、野青茅、三褶脉紫菀、葎草、秋苦荬菜（*Crepidiastrum denticulatum*）等（表 2-13）。

人工杨树林具有较好的生态和经济效益，是制作板材的重要来源。

表 2-13   人工杨树林群落样方调查记录

群落层次	物种	拉丁名	株丛数/株（丛）	平均胸径/cm	分盖度/%	平均高度/m
乔木层	小叶杨	*Populus simonii*	1	19.28	5.00	17.50
	加杨	*Populus canadensis*	8	21.23	60.00	17.54
草本层	堇菜	*Viola* sp.	5		5.00	0.05
	木香薷	*Elsholtzia stauntonii*	1		0.50	0.09
	马兰	*Kalimeris indica*	1		0.50	0.13
	蒙古蒿	*Artemisia mongolica*	1		0.20	0.13
	野蓟	*Cirsium Maachii*	1		0.20	0.13
	寸草台	*Carex stenophylla*	3		1.00	0.14
	细叶小檗	*Berberis poiretii*	1		0.20	0.22
	狗尾草	*Setaria viridis*	6		5.00	0.24
	硬质早熟禾	*Poa sphondylodes*	1		0.20	0.25
	旋覆花	*Inula japonica*	1		1.00	0.35
	野艾蒿	*Artemisia lavandulaefolia*	2		2.00	0.40
	大籽蒿	*Artemisia sieversiana*	1		1.00	0.46

地点：河北省张家口市赤城县茨营子乡；海拔：749 m；坡向：无；郁闭度：0.65；乔木层样方面积：10 m×10 m；灌木层样方面积：5 m×5 m；草本层样方面积：1 m×1 m。

蒙古栎（*Quercus mongolica*）林

蒙古栎林是研究区分布最为广泛的植被类型之一，也是区域植被演替顶极群落之一。研究区蒙古栎林总面积约为 2 693 km²，占区域总面积的 12.42%。蒙古栎林主要分布在海拔为 800～1 500 m 的阴坡和半阴坡。但在不同区域有不同的海拔下限，在太行山地区往往在 1 000 m 以上才有蒙古栎林分布，而燕山地区则可分布到海拔 600 m 甚至更低的区域。此外在部分海拔较高的地区其也可分布在阳坡。

蒙古栎林是栎林中比较耐寒的类型，在栎属分布区中位置最靠北。在年降水量为 300 mm，最低气温为–40℃的干冷环境中亦能适应。土壤类型为棕壤或粗骨性棕壤。

蒙古栎林的冠层高度约为 8 m（5～12 m），郁闭度多为 0.6～0.8，平均胸径为 13 cm（5～23 cm），乔木密度约为 1 800 株/hm²。乔木层高度一般为 6～15 m，盖度可达 80% 以上。但随着海拔、坡向、坡度等的变化，蒙古栎林的盖度会有所变化。在海拔较高地段常形成蒙古栎矮林，高度一般不超过 6 m。组成乔木层的树种除优势种蒙古栎外，常伴生少量的黑桦、元宝槭、山杨、白桦、大叶白蜡等。灌木层主要是小高位芽和矮高位芽植物，如照山白、迎红杜鹃、锦带花、大花溲疏、毛榛、胡枝子、小叶白蜡等。其高度为 0.5～1.5 m，层盖度达 50%。草本层盖度为 10%～50%，以宽叶薹草、羊胡子草（*Eriophorum scheuchzeri*）等为优势种，常见种有三褶脉紫菀、地榆、大油芒（*Spodiopogon sibiricus*）、展枝唐松草、白莲蒿、野青茅（*Deyeuxia pyramidalis*）、牛尾蒿、小红菊、莓叶委陵菜（*Potentilla fragarioides*）、银背风毛菊（*Saussurea nivea*）、北柴胡、野韭、高山乌头（*Aconitum monanthum*）、香堇菜、茜草、半钟铁线莲（*Clematis sibirica* var. *ochotensis*）、三叶铁线莲等。

　　生于阳坡的蒙古栎林由于水分条件差、土壤贫瘠，常常生长不良。树高一般为 6～8 m，密度为 120～1 950 株/hm²。混生的乔木种类主要为油松、山杨、白桦、元宝槭等。下层灌木层多为耐旱的阳生种类，如三裂绣线菊、照山白、圆叶鼠李、大花溲疏，其平均高度为 80 cm，盖度为 30%～40%。草本种类较少，有野青茅、线叶猪殃殃、石防风、黄芩（*Scutellaria baicalemis*）等（表 2-14）。

表 2-14　蒙古栎林群落样方调查记录

群落层次	物种	拉丁名	株丛数/株（丛）	平均胸径/cm	分盖度/%	平均高度/m
乔木层	蒙古栎	*Quercus mongolica*	40	12.1	70.0	7.50
	大叶白蜡	*Fraxinus rhynchophylla*	6	5.2	5.0	4.00
	蒙椴	*Tilia mongolica*	16	10.1	15.0	7.00
	山杏	*Armeniaca sibirica*	1	7.0	1.0	2.50
灌木层	大花溲疏	*Deutzia grandiflora*	12		6.0	0.60
	照山白	*Rhododendron micranthum*	1		1.5	0.45
	土庄绣线菊	*Spiraea pubescens*	9		5.0	0.60
	蒙古栎	*Quercus mongolica*	3		1.0	0.80
	蒙椴	*Tilia mongolica*	2		0.5	0.50
	穿龙薯蓣	*Dioscorea nipponica*	1		0.2	0.20
	北马兜铃	*Aristolochia contorta*	2		0.1	0.10
	小叶鼠李	*Rhamnus parvifolia*	1		1.5	2.20
	大叶白蜡	*Fraxinus rhynchophylla*	1		2.0	3.20
	三裂绣线菊	*Spiraea trilobata*	3		1.5	0.60
	元宝槭	*Acer truncatum*	1		0.1	0.30
	雀儿舌头	*Leptopus chinenais*	6		0.2	0.10
	钩齿溲疏	*Deutzia hamata*	3		5.0	2.00
	葎叶蛇葡萄	*Ampelopsis humulifolia*	1		0.1	0.20

群落层次	物种	拉丁名	株丛数/株（丛）	平均胸径/cm	分盖度/%	平均高度/m
草本层	苍术	*Atractylodes Lancea*	1		0.2	0.20
	鹿药	*Smilacina japonica*	1		0.2	0.20
	乳浆大戟	*Euphorbia esula*	1		0.1	0.14
	蒙古蒿	*Artemisia mongolica*	1		0.1	0.52
	银背风毛菊	*Saussurea nivea*	2		1.0	0.22
	三褶脉紫菀	*Aster trinervius* subsp. *ageratoides*	1		0.1	0.30
	羊胡子薹草	*Carex callitrichos*	1		1.0	0.15
	水金凤	*Impatiens noli-tangere*	1		0.1	0.20
	南牡蒿	*Artemisia eriopoda*	1		0.2	0.10
	庵闾	*Artemisia keiskeana*	1		0.2	0.16

地点：北京市怀柔区喇叭沟门满族乡；海拔：675 m；坡向：西北坡；坡度：25°；郁闭度：0.8；乔木层样方面积：20 m×20 m；灌木层样方面积：10 m×10 m；草本层样方面积：1 m×1 m。

蒙古栎适应性强，根系发达，萌生力强，在水土保持、防风固沙等方面起到较好的生态作用。此外，蒙古栎树干通直，树皮厚，抗火力强，是山地用材林的主要造林树种。

蒙古栎（*Quercus mongolica*）＋桦树（*Betula* spp.）林

蒙古栎林+桦树林主要分布于大海陀山、云蒙山、百花山等地区，群落中常伴生黑桦，灌木层主要有毛榛、三裂绣线菊、山杨幼苗等（表 2-15）。

表 2-15　蒙古栎+桦树林群落样方调查记录

群落层次	物种	拉丁名	株丛数/株（丛）	平均胸径/cm	分盖度/%	平均高度/m
乔木层	蒙古栎	*Quercus mongolica*	18	18.40	38.00	12.33
	黑桦	*Betula dahurica*	1	12.80	2.50	9.00
	白桦	*Betula platyphylla*	7	21.98	17.00	12.86
	元宝槭	*Acer truncatum*	7	9.59	15.00	8.00
灌木层	大叶白蜡	*Fraxinus rhynchophylla*	1	0.40	0.30	0.30
	胡桃楸	*Juglans mandshurica*	1	0.50	0.10	0.30
	锦带花	*Weigela florida*	2	0.20	4.00	0.40
	山楂叶悬钩子	*Rubus crataegifolius*	4	0.50	2.00	0.40
	刺五加	*Acanthopanax senticosus*	3	0.60	1.00	0.70
	冻绿	*Rhamnus utilis*	1	1.40	0.50	0.70
	毛榛	*Corylus mandshurica*	19	1.20	6.50	1.05
	辽椴	*Tilia mandshurica*	1	1.30	2.00	1.10
	小花溲疏	*Deutzia parviflora*	9	1.20	4.50	1.10

群落层次	物种	拉丁名	株丛数/ 株（丛）	平均胸径/cm	分盖度/%	平均高度/m
灌木层	三裂绣线菊	*Spiraea trilobata*	3	0.85	2.10	1.15
	中亚卫矛	*Euonymus semenovii*	11	1.30	2.33	1.20
	华北绣线菊	*Spiraea fritschiana*	2	0.70	0.50	1.50
	元宝槭	*Acer truncatum*	8	1.63	4.33	1.57
	丁香	*Syringa* sp.	1	1.10	2.00	1.60
草本层	玉竹	*Polygonatum odoratum*	1		0.50	0.12
	宽叶薹草	*Carex siderosticta*	12		12.00	0.15
	鹿药	*Smilacina japonica*	3		3.00	0.26

地点：北京市密云区；海拔：1 224 m；坡向：西北坡；坡度：15°；郁闭度：0.75；乔木层样方面积：20 m×20 m；灌木层样方面积：10 m×10 m；草本层样方面积：1 m×1 m。

蒙古栎（*Quercus mongolica*）+ 山杨（*Populus davidiana*）林

蒙古栎+山杨林主要为原始群落破坏后山杨林演替过程中的中间产物，为蒙古栎侵入山杨林后形成的混交群落。群落最终会演替为蒙古栎林（表 2-16）。

表 2-16　蒙古栎+山杨林群落样方调查记录

群落层次	物种	拉丁名	株丛数/ 株（丛）	平均胸径/cm	分盖度/%	平均高度/m
乔木层	蒙古栎	*Quercus mongolica*	12	21.14	34.00	12.75
	山杨	*Populus davidiana*	14	23.96	31.00	14.07
	蒙椴	*Tilia mongolica*	2	5.05	4.00	3.25
	元宝槭	*Acer truncatum*	9	9.89	15.00	7.78
	黑桦	*Betula dahurica*	7	18.84	12.00	12.14
灌木层	大叶白蜡	*Fraxinus rhynchophylla*	2	0.50	1.00	0.50
	毛榛	*Corylus mandshurica*	9	1.00	3.13	1.30
	三裂绣线菊	*Spiraea trilobata*	3	0.40	5.00	1.40
	山杨	*Populus davidiana*	27	0.95	4.25	1.48
	小花溲疏	*Deutzia parviflora*	1	2.00	5.00	1.50
	东北鼠李	*Rhamnus schneideri* var. *manshurica*	1	1.00	2.00	1.60
	糠椴	*Tilia mandshurica* var. *mandshurica*	1	1.50	2.00	1.60
	华北绣线菊	*Spiraea fritschiana*	1	0.40	2.00	1.70
	迎红杜鹃	*Rhododendron mucronulatum*	10	1.70	9.25	1.73
	元宝槭	*Acer truncatum*	11	1.43	10.00	1.87
	东陵八仙花	*Hydrangea bretschneideri*	1	2.50	3.00	2.70
草本层	短尾铁线莲	*Clematis brevicaudata*	2		4.00	0.11
	宽叶薹草	*Carex siderosticta*	16		6.25	0.14
	玉竹	*Polygonatum odoratum*	2		4.00	0.15
	鸢尾	*Iris tectorum*	2		1.00	0.19

群落层次	物种	拉丁名	株丛数/株（丛）	平均胸径/cm	分盖度/%	平均高度/m
草本层	臭草	*Melica scabrosa*	2		0.50	0.25
	茖葱	*Allium victorialis*	2		2.00	0.25
	华北耧斗菜	*Aquilegia yabeana*	1		2.00	0.30
	糙苏	*Phlomis umbrosa*	8		14.67	0.40
	长瓣铁线莲	*Clematis macropetala*	2		2.00	0.40
	唐松草	*Thalictrum* sp.	1		5.00	1.10

地点：北京市密云区；海拔：1 222 m；坡向：北坡；坡度：30°；郁闭度：0.7；乔木层样方面积：20 m × 20 m；灌木层样方面积：10 m × 10 m；草本层样方面积：1 m × 1 m。

槲树（*Quercus dentata*）林

槲树喜光，耐干燥贫瘠，喜排水良好的砂质土或壤土。槲树林主要分布于海拔 200～900 m 的山地阳坡。乔木层以槲树为绝对优势种，多度值在 90% 以上，个别地段形成槲树纯林。槲树高度较小，25 年生树龄，树高平均仅为 5 m。乔木层常伴生栓皮栎和槲栎。林下灌木种类喜光、耐旱、种类少，但个体数量却很大，高度为 70～120 cm，盖度为 50%～60%。灌木层优势种有荆条、三裂绣线菊、花木蓝（*Indigofera kirilowii*）等。在林下庇荫处还可见到毛榛、孩儿拳头、雀儿舌头等。草本层以薹草为主，另有细叶益母草（*Leonurus sibiricus*）、地榆、委陵菜、石竹、桔梗（*Platycodon grandiflorus*）等。林下灌木层不发达的地方还常有禾本科植物，如白羊草、黄背草、野古草（*Arundinella hirta*）等。

蒙椴（*Tilia mongolica*）林

蒙椴林是研究区椴树林中分布范围相对较广的类型，但面积一般较小，且较少有纯林。在小五台山海拔 1 100～1 400 m 以及驼梁山海拔 1 500 m 处均有零星分布。蒙椴喜湿，对土壤条件要求较高，常生长在湿润肥沃的阴坡或半阴坡，土壤为棕壤土。

蒙椴常与元宝槭、花楸树、大叶白蜡等形成杂木林。平均高度为 11 m，郁闭度为 0.7～0.8。下层灌木盖度为 30%～40%，以毛榛、胡枝子等为主，其他灌木还有六道木、东陵八仙花、照山白、锦带花等。草本层覆盖度不高，一般低于 10%，主要有舞鹤草、半钟铁线莲（*Clematis sibirica* var. *ochotensis*）、宽叶薹草、银背风毛菊、铃兰、糙苏、玉竹等。

紫椴（*Tilia amurensis*）林

紫椴林的分布面积不是很大，主要生长在土壤和水分条件较好的地方。紫椴在群落中不占绝对优势，重要值为 0.3～0.6，往往与元宝槭、白桦、黑桦等共同构成群落优势种，形成落叶阔叶混交林。紫椴的胸径为 9～15 cm。紫椴林内伴生种较多，主要有暴马丁香、胡桃楸、大叶白蜡、山杨、糠椴、春榆等。灌木层主要有小花溲疏、蚂蚱腿子、太平花、映山红、卫矛、六道木、平榛、毛榛、盖度变化幅度较大，为 40%～90%。草本层植物种类较多，盖度可达 70%，主要优势种有大披针薹草、糙苏、宽叶薹草、升麻、野青茅、华北风毛菊等。

黄檗 (*Phellodendron amurense*) 林

黄檗为落叶乔木,主要分布在寒温带针叶林区和温带针阔叶混交林区,多属湿润型季风气候,冬夏温差大,冬季长而寒冷,极端最低气温约为−40℃,夏季炎热多雨,年降水量为 400~800 mm。黄檗是喜光树种,根系发达,萌发能力较强,对土壤适应性较强,适生长于湿润、通气良好、含腐殖质丰富的中性或微酸性土壤中。在河谷两侧的冲击土上生长最好。黄檗林在云蒙山成片分布,此外在北京雾灵山和百花山也有野生种群分布,但是种群已经很小。

黄檗林乔木郁闭度为 0.65 左右,乔木总密度约为 1 525 株/hm²,其中黄檗密度 175 株/hm²,平均胸径为 6.2 cm,其他主要伴生树种有胡桃楸、紫椴、北京丁香、蒙古栎、糠椴、榆树、元宝槭等,但除胡桃楸和紫椴外,一般密度和胸径都很小。

林下灌木有小花溲疏、毛榛、五味子、大叶白蜡等。林下草本有大披针薹草、草芍药 (*Paeonia obovata*)、黄花油点草 (*Tricyrtis pilosa*)、东北南星 (*Arisaema amurense*)、笔龙胆 (*Gentiana zollingeri*) 等。

旱柳 (*Salix matsudana*) 林

旱柳适应性很强,喜光,喜湿润,常生长于河岸滩地、低湿地及山地溪流两旁。自然旱柳林主要分布在太行山、燕山海拔 50~700 m 的河滩、沟谷、洼地。

旱柳林群落一般为纯林,沟谷水分条件好的地段生长良好。树高可达 14 m,胸径为 18~22 cm,郁闭度为 0.6。林下灌草层以荆条、酸枣、白羊草为优势种,三裂绣线菊、莎草、蒿类也较多,灌草层覆盖度为 20%~30%。

人工旱柳林,主要分布在河岸、农田及村落附近,常呈带状或片状分布。其生长状况常受土壤的盐渍化程度、质地和水分等因素制约;水分充足的非盐生环境中,旱柳生长良好,树龄 12 年的旱柳,平均树高为 10.0 m,平均胸径为 16.1 cm,密度为 280 株/hm²。林下草本层为田间杂草,种类较少,覆盖度低。人工旱柳林有时与杨、榆、刺槐等树种混生,林下也常栽植紫穗槐等灌木。

旱柳为深根性树种,喜湿,但又耐旱,是固坡、护岸、护堤、防风的优良树种。同时,其木材又可作妆木、炊具、小农具和薪炭用;枝条可编筐,树叶可作饲料、肥料;亦可作为早春蜜源植物。

胡桃楸 (*Juglans mandshurica*) 林

胡桃楸林常生长于水分条件较好的沟谷中、土壤潮湿的沟谷或山坡凹处,土壤类型为山地棕壤。主要分布于燕山东部山地、京西山地及太行山南段,海拔 600~1 800 m 的山地沟谷中,其中在雾灵山地区有大面积的胡桃楸林分布。

胡桃楸林乔木结构一般较为简单,群落中以胡桃楸占绝对优势,偶有邻近群落植物伴生。群落高度为 10~15 m,常见种还有北京丁香、元宝槭、大叶白蜡等。灌木层高度约为 1.5 m,

盖度为 20%～55%，常以土庄绣线菊、鼠李、东陵八仙花、胡枝子、刺五加（*Eleutherococcus senticosus*）、葎叶蛇葡萄（*Ampelopsis humulifolia*）、山楂叶悬钩子、小花溲疏、锦带花为主，胡桃楸林的林下湿度一般较大，草本层发育较好，高度多为 0.5～1.5 m，盖度可达70%～80%。林下草本物种丰富，有歪头菜、黄瓜假还阳参（*Crepidiastrum denticulata*）、蒙古蒿、牛尾蒿（*Artemisia dubia*）、大油芒、香茶菜、糙苏、藿香、藜芦（*Veratrum nigrum*）、草乌（*Aconitum kusnezoffii*）、茜草、山尖子（*Parasenecio hastatus*）、狭苞橐吾（*Ligularia intermedia*）、三籽两型豆（*Amphicarpaea trisperma*）、大披针薹草、短毛独活、龙须菜（*Asparagus schoberioides*）等（表 2-17）。

表 2-17　桃楸林群落样方调查记录

群落层次	物种	拉丁名	株丛数/株（丛）	平均胸径/cm	分盖度/%	平均高度/m
乔木层	胡桃楸	*Juglans mandshurica*	13	24.20	65	15.08
	华北落叶松	*Larix principis-rupprechtii*	1	5.70	2.0	3.00
	油松	*Pinus tabuliformis*	2	20.15	5.0	8.25
灌木层	胡桃楸（幼苗）	*Juglans mandshurica*	1		2.0	1.80
	土庄绣线菊	*Spiraea pubescens*	4		8.0	1.20
	鼠李	*Rhamnus davurica*	2		3.5	1.80
	山楂叶悬钩子	*Rubus crataegifolius*	27		8.0	0.55
	元宝槭	*Acer truncatum*	1		2.0	1.70
	锦带花	*Weigela florida*	1		1.0	0.95
草本层	大油芒	*Spodiopogon sibiricus*	12		22.0	1.15
	香茶菜	*Isodon amethystoides*	8		20.0	1.30
	黄瓜假还阳参	*Crepidiastrum denticulata*	9		10.0	0.48
	蒙古蒿	*Artemisia mongolica*	6		11.0	1.00
	牛尾蒿	*Artemisia dubia*	3		3.0	0.95
	糙苏	*Phlomis umbrosa*	2		2.0	0.80
	藿香	*Agastache rugosa*	5		4.0	0.83
	藜芦	*Veratrum nigrum*	1		1.5	0.35
	草乌	*Aconitum kusnezoffii*	2		1.5	0.75
	茜草	*Rubia cordifolia*	1		1.0	0.62
	山尖子	*Parasenecio hastatus*	1		2.0	1.20
	狭苞橐吾	*Ligularia intermedia*	2		0.5	0.13
	三籽两型豆	*Amphicarpaea trisperma*	2		0.5	0.45
	大披针薹草	*Carex lanceolata*	6		18.0	0.38
	短毛独活	*Heracleum moellendorffii*	1		1.5	1.10
	龙须菜	*Asparagus schoberioides*	2		2.0	0.70

地点：河北省承德市兴隆县雾灵山国家森林公园；海拔：1 323 m；坡向：西坡；坡度：5°；郁闭度：0.7；乔木层样方面积：20 m×20 m；灌木层样方面积：10 m×10 m；草本层样方面积：1 m×1 m。

胡桃楸是第三纪孑遗植物，《中国植物红皮书》将其列为三级保护植物。胡桃楸树形优美，材质良好，果实可供食用，具有很好的观赏价值和经济价值。

大叶白蜡（*Fraxinus rhynchophylla*）林

大叶白蜡又名大叶梣。大叶白蜡林较少为纯林，多为杂木林，主要分布于燕山东部山地海拔 700～1 600 m 处。群落所处环境多为闭塞潮湿阴暗的山凹，尤以迎风沟谷群落发育最好。水分条件较差时常发育为灌丛状。土壤类型为山地棕壤，土壤潮湿，地表常有枯枝落叶层堆积。

大叶白蜡林乔木层物种有 20～25 种，层高为 10～12 m，郁闭度在 0.8 以上。乔木层以大叶白蜡、臭檀、元宝槭数量居多，占乔木总数的 60% 以上，其他主要乔木物种有白桦、北京丁香、栾树、大果榆、蒙古栎、糠椴、胡桃楸、山杨等。

大叶白蜡林上层林冠郁闭时，下层灌木多不发达，主要物种有东陵八仙花、锦带花、照山白、迎红杜鹃、大花溲疏、多花胡枝子、三裂绣线菊等。群落中还常伴生层间藤本植物，主要为软枣猕猴桃、南蛇藤、北五味子、山葡萄等。

林下草本为阴生种类，因生境不同而有差异。阴坡和沟谷中常见种类有银背风毛菊、落新妇（*Astilbe chinensis*）、铃兰等，而在阳坡则以唐松草、玉竹、羊胡子草为主。

大叶白蜡对气候、土壤要求不高，木材质地坚韧，纹理美观，各地常引种栽培，作行道树和庭园树用，木材为制作家具的优质材料。

元宝槭（*Acer truncatum*）林

元宝槭林主要分布在海拔 800～1 500 m 的山坡或山谷疏林中，在大海陀、松山、雾灵山以及百花山等地都有分布。

元宝槭较少为纯林，多为白桦、黑桦、大叶白蜡、胡桃楸等共生组成的混合群落。群落高度为 8～12 m，常见种还有蒙椴、春榆、山楂、鹅耳枥等，灌木层以胡枝子、金花忍冬、毛榛、刺五加、山楂叶悬钩子等，灌木层盖度为 30%～50%，高度为 1.0～2.3 m。草本层物种较少，盖度约为 30%，主要有舞鹤草、大披针薹草、糙苏、铃兰、小玉竹、草乌、藜芦、小红菊等。

元宝槭是著名的观赏树种，秋季树叶变红，十分美观，可开发康养旅游业。

大果榆（*Ulmus macrocarpa*）林

大果榆林主要分布于雾灵山、大海陀、松山等地，在北京市昌平区白羊沟也有分布。大果榆主要生长在海拔 900～1 700 m 的山地阴坡处。阳坡生境干旱，其生长不良，常形成大果榆灌丛。

大果榆林内常伴生元宝槭、蒙古栎、暴马丁香、中国白蜡（*Fraxinus chinensis*）等，灌木层高度为 1.5～1.7 m，盖度为 30%～50%，主要有胡枝子、小花溲疏、东北鼠李、三裂绣线菊、杭子梢、荆条、蚂蚱腿子、雀儿舌头、平榛等。草本层盖度约为 20%，常见物种有青绿薹草、宽叶薹草、草乌、白首乌、蓝萼香茶菜、东亚唐松草、大披针薹草、羊胡子草、野青茅、玉竹等（表 2-18）。

表 2-18　大果榆林群落样方调查记录

群落层次	物种	拉丁名	株丛数/株（丛）	平均高度/m	平均胸径/cm	盖度/%
乔木层	大果榆	*Ulmus macrocarpa*	42	9.10	6.1	57.0
	北京丁香	*Syringa pekinensis*	4	12.90	5.8	13.0
	中国白蜡	*Fraxinus chinensis*	6	6.40	5.5	4.0
	栾树	*Koelreuteria paniculata*	1	10.70	8.0	0.2
	构树	*Broussonetia papyrifera*	1	15.10	6.0	2.0
	山杨	*Populus davidiana*	2	7.60	5.0	1.0
	小叶白蜡	*Fraxinus bungeana*	2	3.50	3.0	0.3
	山桃	*Amygdalus davidiana*	1	6.70	6.0	4.0
	小叶朴	*Celtis bungeana*	4	8.20	6.0	3.0
灌木层	大花溲疏	*Deutzia grandiflora*	2	0.50		0.3
	红花锦鸡儿	*Caragana rosea*	8	2.90		6.5
	三裂绣线菊	*Spiraea trilobata*	5	0.90		2.5
	东北鼠李	*Rhamnus schneideri* var. *manshurica*	3	1.70		0.8
	蚂蚱腿子	*Myripnois dioica*	7	0.20		0.8
	杭子梢	*Campylotropis macrocarpa*	2	0.30		0.3
草本层	大披针薹草	*Carex lanceolata*	4	0.17		5.0
	唐松草	*Thalictrum* sp.	1	0.34		0.5
	铁杆蒿	*Artemisia sacrorum*	1	0.31		1.0
	苍术	*Atractylodes Lancea*	3	0.42		2.0
	茜草	*Rubia cordifolia*	1	0.14		0.2

地点：北京市房山区；海拔：603 m；坡向：北坡；坡度：5°；郁闭度：0.75；乔木层样方面积：20 m×20 m；灌木层样方面积：10 m×10 m；草本层样方面积：1 m×1 m。

榆树（*Ulmus pumila*）林

榆树为阳性树种，生长快、根系发达，为华北地区常见栽培树种。榆树林在研究区主要分布于赤城、延庆、怀柔、昌平等地，在大海陀娘娘泉、二里半保护站附近大量栽培。榆树林多生长在山坡、山谷、丘陵等地。

榆树林乔木层一般只有榆树一种，高度为 3～9 m，郁闭度为 0.3～0.5。灌木层主要有北京丁香、三裂绣线菊、河北木蓝、红花锦鸡儿、土庄绣线菊等，高度为 1～1.5 m，盖度为 30%～50%。草本层盖度变化较大，一般为 30%～70%，主要有野青茅、青绿薹草、茜草、糖芥、瓣蕊唐松草、蓬子菜、蒙古蒿、穿龙薯蓣等。

青檀（*Pteroceltis tatarinowii*）林

青檀林分布范围较小，只在蒲洼、妙峰山、十渡有分布，青檀林一般分布在海拔 550 m 左右的阴坡区域，平均胸径为 8 cm，树高可达 9 m，郁闭度为 0.6～0.9。林下灌草丛较少，主要有荆条、小花溲疏、雀儿舌头、薄皮木和小叶鼠李等；优势草本植物有求米草、北京隐子草、野青茅、大披针薹草、短尾铁线莲等。青檀是我国特有珍贵树种，被国家列为三级保护树种，是石灰岩山地的标志物种。

暴马丁香（*Syringa reticulata* subsp. *amurensis*）林

暴马丁香林主要分布在北京市延庆区和河北省张家口市蔚县，海拔为 600～1 600 m 处。暴马丁香林群落内常见乔木层物种主要有栾树、榆树、山杏等，灌木层高度为 1～1.5 m，盖度为 30%～50%，主要有红花锦鸡儿、木香薷、毛花绣线菊、雀儿舌头、小花扁担杆、杭子梢、三裂绣线菊、荆条、小叶朴、卵叶鼠李等。草本层高度为 0.1～0.4 m，常见物种有薹草、茜草、黄花蒿、小藜等（表 2-19）。

表 2-19　暴马丁香林群落样方调查记录

群落层次	物种	拉丁名	株丛数/株（丛）	平均高度/m	平均胸径/cm	盖度/%
乔木层	暴马丁香	*Syringa reticulata* subsp. *amurensis*	22	6.3	10.5	76.0
	栾树	*Koelreuteria paniculata*	1	8.5	11.9	1.0
	油松	*Pinus tabuliformis*	2	7.5	20.4	13.0
	榆树	*Ulmus pumila*	2	7.5	10.5	9.0
	山杏	*Armeniaca sibirica*	1	4.0	9.6	6.0
灌木层	小叶朴	*Celtis bungeana*	3	1.8		3.0
	栾树	*Koelreuteria paniculata*	2	0.5		0.3
	红花锦鸡儿	*Caragana rosea*	23	0.8		8.5
	雀儿舌头	*Leptopus chinenais*	14	0.5		15.0
	小花扁担杆	*Grewia biloba* var. *parviflora*	2	1.0		1.0
	杭子梢	*Campylotropis macrocarpa*	1	0.5		0.5
	三裂绣线菊	*Spiraea trilobata*	3	1.3		0.3
	红花锦鸡儿	*Caragana rosea*	23	0.8		8.5
草本层	青绿薹草	*Carex breviculmis*	3	0.1		1.0
	黄花蒿	*Artemisia annua*	1	0.2		0.5
	乳浆大戟	*Euphorbia esula*	1	0.3		1.0
	抱茎苦荬菜	*Crepidiastrum sonchifolium*	1	0.3		1.0
	臭草	*Melica scabrosa*	1	0.3		1.0
	小藜	*Chenopodium ficifolium*	5	0.2		2.0

地点：北京市延庆区；海拔：657 m；坡向：东坡；坡度：5°；郁闭度：0.85；乔木层样方面积：10 m×20 m；灌木层样方面积：10 m×10 m；草本层样方面积：1 m×1 m。

暴马丁香花可提取芳香油，也是蜜源植物，其木材可作建筑、器具的细工用材。此外，暴马丁香还具有一定的观赏性，常做公园绿地观赏植物。

臭椿（*Ailanthus altissima*）林

臭椿的生境比较多样，在山区、沟谷、坡地、平原及村落附近、田埂地都能生长，主要分布在海拔 200～900 m 处，但 1 000 m 以上也能生长。研究区臭椿林分布面积很小，且多为人工林，天然臭椿林分布很少。

臭椿林群落乔木层多以臭椿为优势种，其个体数量可占乔木总数的 40%～60%。树高可达 5～7 m。较低海拔常见伴生树种刺槐、栾树、榆树、栓皮栎等；海拔 800 m 以上，伴生树种则为栓皮栎、山杨等。林下灌木层的优势种，燕山山地以平榛、毛榛、荆条为主，太行山片区则是荆条、胡枝子、酸枣等种类。灌木层平均高为 0.8～1.2 m，盖度为 15%～20%。草本层以黄背草、白羊草、蒿类、薹草、地榆、委陵菜等山地旱中生种类为主。

臭椿耐干旱贫瘠，有一定的抗盐碱能力，生长比较迅速，材质较好，可用于平原村镇、农田及山区荒山造林。

刺槐（*Robinia pseudoacacia*）林

刺槐原产北美，于 19 世纪末由青岛引入，现已成为华北地区分布面积最大的栽培阔叶树种。刺槐林主要分布在 850～1 250 m 的阳坡和半阳坡，分布的坡度为 4°～20°，土壤为褐土。

群落中枯落物盖度为 20%～98%，枯落物厚度为 0.3～2 cm。群落总盖度为 75%～85%。由于刺槐林为人工林或半归化人工林，加之其根部可以分泌一些特殊的化学物质，因此群落结构比较单一，刺槐优势度极高，几乎形成单优层片，有时出现少量臭椿（*Ailanthus altissima*）、榆树（*Ulmus pumila*）。乔木层高度为 7～8 m，盖度为 25%～80%。灌木层高度为 1.4～2 m，平均高度为 1.7 m，盖度为 20%～47%，平均盖度为 36.9%，优势度较大的物种有三裂绣线菊、荆条、酸枣（*Ziziphus jujuba* var. *spinosa*）、胡枝子（*Lespedeza* sp.）、薄皮木（*Leptodermis oblonga*）、木香薷（*Elsholtzia stauntonii*）等。草本层高度为 0.2～0.6 m，平均高度为 0.34，盖度为 13%～31%，平均盖度为 18.5%，常见的物种有北京隐子草（*Cleistogenes hancei*）、白羊草（*Bothriochloa ischaemum*）、薹草、风毛菊（*Saussurea japonica*）、鬼针草（*Bidens pilosa*）等。低山、丘陵刺槐林林下物种组成较为特殊，其灌木层以荆条为主，其次有绣线菊、鼠李、酸枣、蚂蚱腿子（*Myripnois dioica*）等，草本层以铁杆蒿、黄背草、白羊草（*Bothriochloa ischaemum*）、野古草等为主（表 2-20）。

表 2-20　刺槐林群落样方调查记录

群落层次	物种	拉丁名	株丛数/株（丛）	平均高度/m	平均胸径/cm	分盖度/%
乔木层	刺槐	*Robinia pseudoacacia*	33	6.20	10.9	80.0
灌木层	荆条	*Vitex negundo* var. *heterophylla*	35	1.30		28.0
	三裂绣线菊	*Spiraea trilobata*	7	0.50		5.0
	多花胡枝子	*Lespedeza floribunda*	50	0.20		20.0
	刺槐	*Robinia pseudoacacia*	1	0.50		0.3
	酸枣	*Ziziphus jujuba* var. *spinosa*	20	0.30		10.0
	卵叶鼠李	*Rhamnus bungeana*	2	2.30		1.0
	河北木蓝	*Indigofera bungeana*	12	1.00		4.0
	小叶朴	*Celtis bungeana*	1	1.70		0.3
草本层	臭草	*Melica scabrosa*	15	0.56		8.0
	大披针薹草	*Carex lanceolata*	11	0.12		7.0
	北柴胡	*Bupleurum chinense*	1	0.22		0.1
	鬼针草	*Bidens pilosa*	1	0.37		2.0
	北京隐子草	*Cleistogenes hancei*	5	0.16		3.0
	狗尾草	*Setaria viridis*	1	0.13		0.1
	蒲公英	*Taraxacum mongolicum*	3	0.02		0.3
	乳浆大戟	*Euphorbia esula*	3	0.11		0.5
	桃叶鸦葱	*Scorzonera sinensis*	1	0.03		0.3

地点：河北省平山县；海拔：878 m；坡向：南坡；坡度：20°；郁闭度：0.8；乔木层样方面积：20 m×20 m；灌木层样方面积：10 m×10 m；草本层样方面积：1 m×1 m。

刺槐林在河北省中南部地区涞源—平山一带的山区广泛分布，原为人工营植，由于年代久远现已归为自然林或半自然林。由于刺槐林多分布在人口相对密集的村庄和道路附近，易受人为干扰的影响，本次调查中有遇到刺槐林被砍伐的现象。此外，由于刺槐叶含氮量高，有很好的饲用价值，是最易受放牧干扰的群系类型之一。当地居民在刺槐林下放牧现象比较常见。

刺槐是华北地区重要的营林树种，具有重要的生态价值和经济价值，但作为广泛分布的外来物种，应当深入研究其长期影响。

2．暖性落叶阔叶林

红桦（*Betula albosinensis*）林

红桦林主要分布在雾灵山、小五台山、百花山、驼梁山等地区，海拔 1 600 m 以上即有零星分布，但主要分布于海拔 1 900～2 500 m 处；土壤类型为山地棕壤土，土层厚度多为 60～100 cm，枯落物积存较多。研究区红桦林为天然林遭破坏后形成的次生林，外貌整齐，郁闭度通常在 0.8 以上，林下阴暗潮湿，以红桦为主要树种，伴生华北落叶松、中国黄花柳（*Salix sinica*）、白桦等。林下灌木稀少，多为山地耐旱种类，如六道木、毛榛、悬钩子、皂柳、红丁香（*Syringa villosa*）、北京忍冬、蓝靛果忍冬等。草本层多发育不良，常见种有东方草莓（*Fragaria orientalis*）、大披针薹草、砧草（*Galium boreale*）、防风（*Saposhnikovia divaricata*）、金莲花、黄精（*Polygonatum sibiricum*）等。

栓皮栎（*Quercus variabilis*）林

栓皮栎林是栎林中较为温暖性的类型，多分布于海拔 100～800 m 的阳坡或半阳坡，在潭柘寺、云蒙山、洪崖山等地有成片天然栓皮栎林分布。栓皮栎喜温、喜光，对土层厚度适应范围较大。栓皮栎在土层深厚的地段生长良好，典型的土壤类型为淋溶褐土，也有棕壤，土层厚度为 20～70 cm。

栓皮栎林群落高度为 5～12 m，一般为纯林，偶伴生小叶朴、大叶白蜡等。林下灌木高约为 1.5 m，盖度为 25%～40%，主要有荆条、酸枣、小花扁担杆、雀儿舌头、黄栌、多花胡枝子等。草本层盖度不大，一般小于 15%，主要有东北堇菜、丛生隐子草、牡蒿、苡草、蓝花棘豆、败酱（*Patrinia scabiosaefolia*）、铁杆蒿、甘菊、大油芒、大披针薹草等（表 2-21）。

栓皮栎林是重要的用材林，其树皮木栓层极厚，可制浮标、救生圈、电气绝缘体、瓶塞等软木用品。栓皮栎根深叶茂，林下灌草丛生，森林群落保持水土的效能良好。

表 2-21　栓皮栎林群落样方调查记录

群落层次	物种	拉丁名	株丛数/株（丛）	平均高度/m	平均胸径/cm	盖度/%
乔木层	栓皮栎	*Quercus variabilis*	59	6.00	8.8	90.0
	小叶朴	*Celtis bungeana*	2	4.00	6.2	3.0
	大叶白蜡	*Fraxinus rhynchophylla*	1	2.50	4.6	2.0
	侧柏	*Platycladus orientalis*	1	2.50	4.3	0.0
	臭椿	*Ailanthus altissima*	1	5.50	3.7	1.0
灌木层	荆条	*Vitex negundo* var. *heterophylla*	4	1.40		4.0
	多花胡枝子	*Lespedeza floribunda*	12	0.50		6.0
	雀儿舌头	*Leptopus chinenais*	17	0.30		20.0
	大叶白蜡	*Fraxinus rhynchophylla*	2	0.40		2.0
	黄栌	*Cotinus coggygria*	1	0.60		2.0
	桑	*Morus alba*	1	2.60		0.3
	酸枣	*Ziziphus jujuba* var. *spinosa*	2	1.20		1.0
	构树	*Broussonetia papyrifera*	1	1.20		0.3
	山楂	*Crataegus pinnatifida*	1	2.20		1.0

群落层次	物种	拉丁名	株丛数/株（丛）	平均高度/m	平均胸径/cm	盖度/%
灌木层	三裂绣线菊	*Spiraea trilobata*	1	0.80		0.5
	小叶鼠李	*Rhamnus parvifolia*	1	0.10		0.2
	山桃	*Amygdalus davidiana*	4	0.90		4.0
	小花扁担杆	*Grewia biloba* var. *parviflora*	1	0.60		0.3
	暴马丁香	*Syringa reticulata* subsp. *amurensis*	1	0.70		0.3
草本层	丛生隐子草	*Cleistogenes caespitosa*	4	0.26		4.0
	牡蒿	*Artemisia japonica*	5	0.17		3.0
	荩草	*Arthraxon hispidus*	1	0.26		2.0
	蓝花棘豆	*Oxytropis coerulea*	1	0.15		0.3
	败酱	*Patrinia scabiosaefolia*	1	0.16		1.0
	铁杆蒿	*Artemisia sacrorum*	1	0.58		4.0
	甘菊	*Dendranthema lavandulifolium*	1	0.25		0.3
	大油芒	*Spodiopogon sibiricus*	2	0.24		0.5

地点：北京市潭柘寺；海拔：598 m；坡向：南坡；坡度：2°；郁闭度：0.95；乔木层样方面积：20 m×20 m；灌木层样方面积：10 m×10 m；草本层样方面积：1 m×1 m。

2.2.2　灌丛

灌丛主要分为落叶阔叶灌丛与常绿革叶灌丛两类，共 46 个群系类型。分布最广的灌丛为荆条灌丛、山杏灌丛及三裂绣线菊灌丛。山杏灌丛多分布在海拔 500～1 000 m 的区域，荆条灌丛抗旱、耐瘠薄，多分布在海拔 200～600 m 处，而在海拔 400～700 m 处常出现山杏+荆条灌丛，由于燕山地势总体来讲西部高、东南部低，出现西部山杏多、东部荆条多、中部山杏+荆条灌丛的格局，而在太行山荆条灌丛广泛分布。另外，从坡向的角度来看，荆条灌丛和山杏灌丛常出现在干旱的阳坡及石质化严重的山坡，两者约占研究区总面积的 30%以上。三裂绣线菊灌丛则多出现在低海拔处的阴坡和海拔 1 000 m 以上的阳坡。

2.2.2.1　落叶阔叶灌丛

1. 高寒落叶阔叶灌丛

金露梅（*Potentilla fruticosa*）灌丛

金露梅灌丛面积很小，主要分布于东灵山、百花山、海陀山、松山等地区海拔 1 900 m以上的山脊或山坡的上部。灌木层几乎全为金露梅，偶有鬼箭锦鸡儿（*Caragana jubata*）和银露梅（*Potentilla glabra*）。群落变化较大，盖度为 15%～85%，高度为 30～60 cm。草本层由耐寒耐旱的草本组成，如紫苞风毛菊（*Saussurea purpurascens*）、小丛红景天

（*Rhodiola dumulosa*）、铃铃香青（*Anaphalis hancockii*）、火绒草、白萼委陵菜（*Potentilla betonicifolia*）、秦艽、地榆、小红菊、岩青兰、大叶龙胆、大花飞燕草、老鹳草等。

鬼箭锦鸡儿（*Caragana jubata*）灌丛

鬼箭锦鸡儿主要分布于青藏高原东半部地区，在贺兰山地区也有分布。太行山片区是鬼箭锦鸡儿分布的东缘。鬼箭锦鸡儿在太行山片区分布面积很小，仅分布于东灵山、百花山海拔 2 000～2 300 m 的山脊处，在河北省蔚县茶山村附近也有分布。

鬼箭锦鸡儿群落高度约为 0.4 m，总盖度为 50%～70%，群落内常伴生银露梅、金露梅。草本植物主要有蒲公英、牡蒿、白萼委陵菜、薹草、地榆、秦艽、小红菊、紫苞风毛菊、玲玲香青、早熟禾、火绒草、野罂粟、并头黄芩、地榆、岩茴香、翠雀（*Delphinium grandiflorum*）、水杨梅、叉歧繁缕、胭脂花等（表 2-22）。

表 2-22　鬼箭锦鸡儿灌丛群落样方调查记录

群落层次	物种	拉丁名	株丛数/株（丛）	平均高度/m	盖度/%
灌木层	鬼箭锦鸡儿	*Caragana jubata*	27	0.37	25.00
	金露梅	*Potentilla fruticosa*	3	0.22	5.00
	铁杆蒿	*Artemisia sacrorum*	1	0.30	2.00
草本层	地榆	*Sanguisorba officinalis*	1	0.46	0.30
	野罂粟	*Papaver nudicaule*	3	0.40	1.50
	叉歧繁缕	*Stellaria dichotoma*	16	0.28	5.00
	早熟禾	*Poa annua*	5	0.43	0.50
	岩茴香	*Ligusticum tachiroei*	3	0.33	0.50
	蒲公英	*Taraxacum mongolicum*	1	0.30	0.30
	胭脂花	*Primula maximowiczii*	1	0.25	1.50
	翠雀	*Delphinium grandiflorum*	2	0.36	0.50
	牡蒿	*Artemisia japonica*	3	0.16	2.00
	水杨梅	*Geum aleppicum*	1	0.51	0.80

地点：北京市东灵山；海拔：2 261 m；坡向：东坡；坡度：12°；群落盖度：35%；灌木层样方面积：10 m×10 m；草本层样方面积：1 m×1 m。

2. 温性落叶阔叶灌丛

荆条（*Vitex negundo* var. *heterophylla*）灌丛

荆条灌丛是落叶阔叶林反复破坏后出现的次生灌丛，是研究区分布最广泛、面积最大的群落类型。其分布面积占区域总面积的 24.11%。荆条灌丛在海拔 600 m 以下的山地和丘陵地区广泛分布，且没有明显的坡向差异；在海拔 600～1 100 m 处则主要分布于阳坡。土壤类型为淋溶褐土和粗骨性褐土。

荆条灌丛高度为 1.5～2.5 m，盖度为 40%～60%。荆条灌丛群落结构一般比较简单，伴生种主要为酸枣、小叶鼠李（*Rhamnus parvifolia*）、山杏、胡枝子（*Lespedeza* spp.）等。其草本层高度为 40 cm，盖度为 40%～50%，主要为铁杆蒿、大披针薹草、野青茅（*Deyeuxia arundinacea*）、北京隐子草（*Cleistogenes hancei*）、远志（*Polygala tenuifolia*）、龙须菜（*Asparagus schoberioides*）、白羊草、黄背草等（表 2-23）。

荆条枝繁叶茂，根系发达，交织成网，抗旱性极强，是良好的水土保持植物。荆条枝条可用于编织、绿肥；此外，荆条分布范围广、花期长，是重要的蜜源植物。

表 2-23　荆条灌丛群落样方调查记录

群落层次	物种名	拉丁名	株丛数/株（丛）	平均基径/cm	分盖度/%	平均高度/m
灌木层	荆条	*Vitex negundo* var. *heterophylla*	5	1.8	55.0	1.60
	侧柏	*Platycladus orientalts*	2	2.3	7.0	2.20
	多花胡枝子	*Lespedeza floribunda*	3	0.1	3.0	0.35
	卵叶鼠李	*Rhamnus bungeana*	3	1.2	6.0	0.65
	臭椿	*Ailanthus altissima*	1	1.4	2.0	0.60
	山杏	*Armeniaca sibirica*	1	6.1	6.0	1.80
	小花扁担杆	*Grewia biloba* var. *parviflora*	1	1.6	5.0	1.60
草本层	黄背草	*Themeda triandra*	2		5.0	0.92
	北京隐子草	*Cleistogenes hancei*	3		10.0	0.55
	薹草	*Carex* sp.	1		15.0	0.20
	阴行草	*Siphonostegia chinensis*	1		0.5	0.50
	地梢瓜	*Cynanchum thesioides*	1		0.2	0.18
	委陵菜	*Potentilla chinensis*	1		1.2	0.35
	白羊草	*Bothriochloa ischaemum*	1		2.0	0.30
	远志	*Polygala tenuifolia*	1		0.5	0.26
	瓦松	*Orostachys fimbriatus*	1		0.2	0.13
	中华卷柏	*Selaginella sinensis*	1		7.0	0.03

地点：北京市怀柔区；海拔：504 m；坡向：西南坡；坡度：32°；群落盖度：65%；灌木层样方面积：5 m × 5 m；草本层样方面积：1 m × 1 m。

荆条（*Vitex negundo* var. *heterophylla*）+ 酸枣（*Ziziphus jujuba* var. *spinosa*）灌丛

荆条+酸枣灌丛主要分布于海拔 100～800 m 的低山丘林阳坡和山麓地带，在受干扰或石质化程度较高的山坡也常有分布。土壤类型主要为山地褐土。

荆条+酸枣灌丛群落一般分两层，上层酸枣高度可达 2～3.5 m，第二层荆条高度一般 1～2 m，群落盖度为 40%～75%。灌木层除荆条和酸枣外，主要有河北木蓝、河朔荛花、野皂荚、尖叶铁扫帚（*Lespedeza juncea*）、兴安胡枝子、小叶鼠李等。草本层盖度一般较低，主要有丛生隐子草、卷柏、狗尾草、铁杆蒿、猪毛菜等（表 2-24）。

荆条+酸枣灌丛为落叶阔叶林退化形成的次生灌丛，由于遭受长期反复破坏，许多地区已经形成稳定的亚顶极群落，很难自然恢复，须通过人工造林和封育恢复。

表 2-24　荆条+酸枣灌丛群落样方调查记录

群落层次	物种	拉丁名	株丛数/株（丛）	平均高度/m	分盖度/%
灌木层	酸枣	*Ziziphus jujuba* var. *spinosa*	37	3.0	16.3
	荆条	*Vitex negundo* var. *heterophylla*	73	1.9	44.0
	侧柏	*Platycladus orientalis*	7	2.4	5.3
	河北木蓝	*Indigofera bungeana*	16	0.8	3.5
	河朔荛花	*Wikstroemia chamaedaphne*	12	0.9	1.6
	尖叶铁扫帚	*Lespedeza juncea*	1	0.3	1.0
	多花胡枝子	*Lespedeza floribunda*	28	0.5	5.1
	小叶鼠李	*Rhamnus parvifolia*	4	1.7	3.7
草本层	狗尾草	*Setaria viridis*	1	0.2	0.1
	铁杆蒿	*Artemisia sacrorum*	1	0	1.0
	丛生隐子草	*Cleistogenes caespitosa*	2	0.2	3.0
	猪毛菜	*Salsola collina*	9	0.2	5.0

地点：北京市昌平区；海拔：173 m；坡向：西南坡；坡度：10°；群落盖度：75%；灌木层样方面积：10 m×10 m；草本层样方面积：1 m×1 m。

荆条（*Vitex negundo* var. *heterophylla*）+ 侧柏（*Platycladus orientalis*）灌丛

荆条+侧柏灌丛主要是在原始荆条灌丛的基础上由人工种植的侧柏幼苗形成。侧柏苗尚小或生长不良仍呈灌木状，因此归并在灌丛群系类别。荆条+侧柏灌丛主要分布在北京周边，尤在密云、怀柔、房山等市辖区内分布众多。

荆条+侧柏灌丛群落明显分为两层，上层为侧柏幼苗高度为 2～3.5 m，下层以荆条为主，高度为 1.5～2 m。群落内仍以荆条占优势，重要值为 30%～60%，侧柏重要值为 15%左右。群落内灌木层还有多花胡枝子、山杏、小花扁担杆、卵叶鼠李等。草本层盖度为 25%～50%，以北京隐子草、薹草、白羊草等最为常见，此外还有远志、中华卷柏、丛生隐子草、黄背草等（表 2-25）。

未来荆条+侧柏灌丛的演替主要有两个方向：一是随着侧柏幼苗的生长，逐渐变为郁闭的侧柏林；二是侧柏生长不良退化为荆条灌丛。近年来，随着植被恢复力度的加大，人工侧柏建植措施在环首都地区大量推广，但荆条+侧柏灌丛的增加在提高景观多样性、美化环境的同时，也要考虑其对原生植被的破坏以及后期的成活能力。

表 2-25　荆条+侧柏灌丛群落样方调查记录

群落层次	物种	拉丁名	株丛数/株（丛）	平均基径/cm	分盖度/%	平均高度/m
灌木层	荆条	*Vitex negundo* var. *heterophylla*	5	1.8	55.0	1.60
	侧柏	*Platycladus orientalis*	2	2.3	7.0	2.20
	多花胡枝子	*Lespedeza floribunda*	3	0.1	3.0	0.35
	卵叶鼠李	*Rhamnus bungeana*	3	1.2	6.0	0.65
	臭椿	*Ailanthus altissima*	1	1.4	2.0	0.60
	山杏	*Armeniaca sibirica*	1	6.1	6.0	1.80
	小花扁担杆	*Grewia biloba* var. *parviflora*	1	1.6	5.0	1.60
草本层	黄背草	*Themeda triandra*	2		5.0	0.92
	北京隐子草	*Cleistogenes hancei*	3		10.0	0.55
	薹草	*Carex* sp.	1		15.0	0.20
	阴行草	*Siphonostegia chinensis*	1		0.5	0.50
	地梢瓜	*Cynanchum thesioides*	1		0.2	0.18
	委陵菜	*Potentilla chinensis*	1		1.2	0.35
	白羊草	*Bothriochloa ischaemum*	1		2.0	0.30
	远志	*Polygala sibirica*	1		0.5	0.26
	瓦松	*Orostachys fimbriata*	1		0.2	0.13
	中华卷柏	*Selaginella sinensis*	1		7.0	0.03

地点：北京市怀柔区；海拔：490m；坡向：东坡；坡度：25°；群落盖度：70%；灌木层样方面积：10 m×10 m；草本层样方面积：1 m×1 m。

山杏（*Armeniaca sibirica*）灌丛

山杏灌丛主要分布于海拔 600～1 000 m 的山地阴、阳坡，在海拔 600 m 以下的阴坡也常出现，在怀柔、延庆、赤城、门头沟、蔚县等地有大面积分布。土壤类型为淋溶褐土、粗骨性褐土，偶为棕壤。山杏灌丛是本区域植被垂直地带性分布带谱上一个重要的群系类型，向下为荆条灌丛，向上则承接三裂绣线菊灌丛或其他森林类型。

山杏灌丛高度为 1.5～3 m，盖度为 50%～70%，伴生种主要为荆条、三裂绣线菊、大果榆（*Ulmus macrocarpa*）、胡枝子、鼠李、酸枣等，草本层高度为 30cm，盖度为 40%～60%，主要为大披针薹草、野青茅、大油芒（*Spodiopogon sibiricus*）、远志、委陵菜（*Potentilla* spp.）、地榆、中华草沙蚕（*Tripogon chinensis*）等（表 2-26）。

山杏生态价值和经济价值均比较高，既有较好的水土保持功能，又是重要的蜜源植物和油料植物。山杏可作为嫁接杏的砧木。山杏仁可做成饮料，还可做成糕点食品，是当地农民重要的经济来源。

表 2-26 山杏灌丛群落样方调查记录

群落层次	物种	拉丁名	株丛数/株（丛）	平均基径/cm	分盖度/%	平均高度/m
灌木层	山杏	*Armeniaca sibirica*	2	8.1	50.0	1.80
	荆条	*Vitex negundo* var. *heterophylla*	29	1.1	30.0	1.00
	雀儿舌头	*Leptopus chinensis*	5	0.3	4.0	0.60
	酸枣	*Ziziphus jujuba* var. *spinosa*	3	0.4	1.0	0.50
	多花胡枝子	*Lespedeza floribunda*	8	0.5	2.0	0.30
	河北木蓝	*Indigofera bungeana*	1	0.2	0.2	0.50
	小花扁担杆	*Grewia biloba* var. *parviflora*	1	0.6	0.5	1.20
草本层	尖叶铁扫帚	*Lespedeza juncea*	1		0.2	0.30
	华北剪股颖	*Agrostis clavata*	1		3.0	0.45
	委陵菜	*Potentilla chinensis*	1		0.5	0.18
	白头翁	*Pulsatilla chinensis*	1		0.2	0.12
	石沙参	*Adenophora polyantha*	1		0.2	0.30
	北京隐子草	*Cleistogenes hancei*	1		0.5	0.25
	麻花头	*Serratula centauroides*	1		0.5	0.10
	北柴胡	*Bupleurum chinense*	1		0.2	0.18
	阴行草	*Siphonostegia chinensis*	1		0.2	0.38
	风毛菊	*Saussurea japonica*	1		0.2	0.08
	野青茅	*Deyeuxia arundinacea*	1		1.0	0.40
	萎蒿	*Artemisia selengensis*	1		0.2	0.30
	中华卷柏	*Selaginella sinensis*	1		20	0.40
	三毛草	*Trisetum sibiricum*	1		0.5	0.35
	茜草	*Rubia cordifolia*	1		0.2	0.20
	地梢瓜	*Cynanchum thesioides*	1		0.1	0.12
	草木樨状黄芪	*Astragalus melilotoides*	1		0.3	0.40
	大苞鸢尾	*Iris bungei*	1		0.5	0.16
	桃叶鸦葱	*Scorzonera sinensis*	1		0.2	0.15
	多歧沙参	*Adenophora potaninii* subsp. *wawreana*	1		0.2	0.20
	中华草沙蚕	*Tripogon chinensis*	6		26.0	0.15
	石防风	*Peucedanum terebinthaceum*	1		0.2	0.22

地点：河北省张家口市赤城县；海拔：772 m；坡向：西南坡；坡度：15°；群落盖度：80%；灌木层样方面积：5 m×5 m；草本层样方面积：1 m×1 m。

山杏（*Armeniaca sibirica*）＋荆条（*Vitex negundo* var. *heterophylla*）灌丛

山杏+荆条灌丛是山杏灌丛和荆条灌丛中间的过渡产物，在海拔 500～1 000 m 的阴坡和阳坡都可出现，但一般阴坡山杏优势度更高。

　　山杏+荆条灌丛群落一般分为上下两层，上层主要为山杏，高为 2～3.5 m；下层以荆条为主，常伴生三裂绣线菊、小叶鼠李、少脉雀梅藤、小花扁担杆等，高度为 1～2 m。草本层高度为 0.3～0.5 m，主要有大披针薹草、北京隐子草、白羊草、大油芒、小红菊、尖叶铁扫帚、胡枝子、臭草、北柴胡、桃叶鸦葱（*Scorzonera sinensis*）、石竹等（表 2-27）。

表 2-27　山杏+荆条灌丛群落样方调查记录

群落层次	物种	拉丁名	株丛数/株（丛）	平均基径/cm	分盖度/%	平均高度/m
灌木层	荆条	*Vitex negundo* var. *heterophylla*	48	2.08	20.00	1.63
	山杏	*Armeniaca sibirica*	30	3.65	20.00	2.00
	华北绣线菊	*Spiraea fritschiana*	8	0.15	0.75	0.37
	胡枝子	*Lespedeza bicolor*	5	0.20	0.65	0.60
	雀儿舌头	*Leptopus chinenais*	27	0.57	4.67	0.73
	尖叶铁扫帚	*Lespedeza juncea*	1	0.10	0.30	0.82
	三裂绣线菊	*Spiraea trilobata*	19	0.70	8.33	0.87
	河北木蓝	*Indigofera bungeana*	41	0.55	6.50	0.88
	土庄绣线菊	*Spiraea pubescens*	3	0.70	2.00	0.90
	酸枣	*Ziziphus jujuba* var. *spinosa*	15	0.63	2.25	1.03
	卵叶鼠李	*Rhamnus bungeana*	3	1.20	1.50	1.05
草本层	风毛菊	*Saussurea japonica*	1		1.00	0.06
	桃叶鸦葱	*Scorzonera sinensis*	4		0.40	0.15
	猪毛菜	*Salsola collina*	1		0.50	0.20
	白头翁	*Pulsatilla chinensis*	2		2.00	0.21
	山丹	*Lilium pumilum*	1		2.00	0.22
	大披针薹草	*Carex lanceolata*	35		9.50	0.28
	委陵菜	*Potentilla chinensis*	2		0.65	0.28
	射干鸢尾	*Iris dichotoma*	1		1.00	0.30
	漏芦	*Stemmacantha uniflora*	3		2.75	0.31
	铁杆蒿	*Artemisia sacrorum*	5		2.00	0.36
	北京隐子草	*Cleistogenes hancei*	1		1.00	0.41
	胡枝子	*Lespedeza bicolor*	1		0.50	0.42
	北柴胡	*Bupleurum chinense*	2		3.00	0.44
	玉竹	*Polygonatum odoratum*	2		1.00	0.52
	棉团铁线莲	*Clematis hexapetala*	6		1.63	0.56
	沙参	*Adenophora stricta*	1		1.00	0.80

地点：北京市怀柔区；海拔：468 m；坡向：东南坡；坡度：14°；群落盖度：55%；灌木层样方面积：10 m×10 m；草本层样方面积：1 m×1 m。

山桃（*Amygdalus davidiana*）灌丛

山桃与山杏习性相似，但山桃更耐旱，在海拔 200～1 300 m 处都可出现，但在海拔 300～700 m 的干旱阳坡更为常见。

灌木层的盖度多为 70%～90%，以山桃占绝对优势，其盖度在 60%以上，常伴生北京丁香、荆条、小花扁担杆、三裂绣线菊、河朔荛花、杭子梢、卵叶鼠李、大果榆、山杏、胡枝子、薄皮木等。草本植物盖度约为 25%，主要有大披针薹草、卷柏、北京隐子草、大油芒、甘野菊、北柴胡、防风、石竹、石沙参、红纹马先蒿等（表 2-28）。

山桃可以做桃树的嫁接砧木，春季山桃花盛开也具有一定的观赏性。

表 2-28　山桃灌丛群落样方调查记录

群落层次	物种	拉丁名	株丛数/株（丛）	平均高度/m	分盖度/%
灌木层	山桃	*Amygdalus davidiana*	12	3.90	30.0
	荆条	*Vitex negundo* var. *heterophylla*	26	1.80	10.0
	小花扁担杆	*Grewia biloba* var. *parviflora*	13	1.70	10.8
	三裂绣线菊	*Spiraea trilobata*	12	0.60	3.3
	河朔荛花	*Wikstroemia chamaedaphne*	11	1.40	3.3
	杭子梢	*Campylotropis macrocarpa*	7	0.40	0.8
	侧柏	*Platycladus orientalis*	12	1.70	3.5
	卵叶鼠李	*Rhamnus bungeana*	27	1.60	8.8
	大果榆	*Ulmus macrocarpa*	1	2.50	2.0
	山杏	*Armeniaca sibirica*	4	3.10	8.3
	河北木蓝	*Indigofera bungeana*	29	0.30	3.3
	木香薷	*Elsholtzia stauntonii*	13	0.20	2.0
	蒙桑	*Morus mongolica*	1	5.00	5.0
	雀儿舌头	*Leptopus chinenais*	8	0.90	3.0
	毛花绣线菊	*Spiraea dasyantha*	2	1.10	2.0
草本层	大披针薹草	*Carex lanceolata*	3	0.12	5.0
	卷柏	*Selaginella tamariscina*	5	0.03	10.0
	铁杆蒿	*Artemisia sacrorum*	2	0.21	2.0
	北京隐子草	*Cleistogenes hancei*	2	0.14	2.0
	小红菊	*Dendranthema chanetii*	2	0.04	2.0
	白首乌	*Cynanchum bungei*	1	0.06	0.3
	裂叶堇菜	*Viola dissecta*	1	0.06	0.3
	远志	*Polygala tenuifolia*	5	0.08	0.5
	唐松草	*Thalictrum* sp.	2	0.21	3.0

地点：北京市昌平区；海拔：299 m；坡向：北坡；坡度：5°；群落盖度：65%；灌木层样方面积：10 m×10 m；草本层样方面积：1 m×1 m。

大果榆（*Ulmus macrocarpa*）灌丛

大果榆灌丛生境与大果榆林相似，多生长于干旱的阳坡。主要分布于怀柔、延庆北部、昌平等地，在海拔 100～1 200 m 的干旱山坡均有分布，在门头沟、涿鹿、蓟州等地也有零星分布。大果榆灌丛常与荆条共同构成混合群落。

大果榆灌丛中除大果榆外，常伴生荆条、山杏、山桃、圆叶鼠李，此外偶见萌生的蒙古栎幼苗，群落盖度一般不足 50%。草本层植物有大披针薹草、北京隐子草、远志、北柴胡、白头翁、米口袋、野古草、黄花蒿、黄精等（表 2-29）。

表 2-29　大果榆灌丛群落样方调查记录

群落层次	物种	拉丁名	株丛数/株（丛）	平均基径/cm	分盖度/%	平均高度/m
灌木层	大果榆	*Ulmus macrocarpa*	14	1.90	31.00	1.26
	雀儿舌头	*Leptopus chinenais*	28	0.49	5.00	0.15
	多花胡枝子	*Lespedeza floribunda*	2	0.41	1.00	0.23
	河北木蓝	*Indigofera bungeana*	5	0.88	2.00	0.29
	胡枝子	*Lespedeza bicolor*	1	0.26	0.10	0.30
	尖叶铁扫帚	*Lespedeza juncea*	5	0.12	1.00	0.32
	木香薷	*Elsholtzia stauntonii*	7	0.58	5.00	0.35
	铁杆蒿	*Artemisia sacrorum*	8	0.54	17.50	0.48
	大花溲疏	*Deutzia grandiflora*	3	2.16	11.00	0.50
	华北米蒿	*Artemisia giraldii*	2	0.42	1.00	0.55
	白蜡	*Fraxinus* sp.	1	5.20	4.00	1.70
草本层	中华卷柏	*Selaginella sinensis*	1		8.00	0.04
	薹草	*Carex* sp.	1		1.50	0.08
	地梢瓜	*Cynanchum thesioides*	1		0.10	0.17
	北京隐子草	*Cleistogenes hancei*	2		3.00	0.25
	野古草	*Arundinella hirta*	1		1.00	0.40

地点：河北省张家口市赤城县石湖村；海拔：841 m；坡向：东南坡；坡度：30°；群落盖度：35%；灌木层样方面积：10 m×10 m；草本层样方面积：1 m×1 m。

榆树（*Ulmus pumila*）灌丛

榆树灌丛主要分布于海拔 1 000 m 以下的干旱山坡，群落内灌木植物主要有荆条、河朔荛花、小花溲疏、大叶白蜡、三裂绣线菊等。草本植物主要为大披针薹草、篦苞风毛菊、穿龙薯蓣、土三七、白羊草等。

蒙古栎（*Quercus mongolica*）灌丛

灌丛状的蒙古栎主要为被破坏的蒙古栎林恢复演替过程中的中间产物。在高海拔处由于寒冷或者大风而生长不良的蒙古栎也可形成蒙古栎灌丛。蒙古栎灌丛生境往往与蒙古栎林相似，多生长在水分条件良好的阴坡。

蒙古栎灌丛群落高为 2～2.5 m，盖度一般较大，可达 90%以上，主要伴生种有三裂绣线菊、六道木、照山白、毛花绣线菊等。蒙古栎灌丛下层水分条件较好，草本层物种常有草甸成分，主要有西伯利亚羽茅、棉团铁线莲、小红菊、矮紫苞鸢尾、青绿薹草、拉拉藤、银背风毛菊、白头翁等。

三裂绣线菊（*Spiraea trilobata*）灌丛

三裂绣线菊灌丛是研究区分布极为广泛的群系类型，在海拔 1 000 m 以下的阴坡广泛分布，在海拔 1 000～1 500 m 的干旱阳坡或阴坡均形成优势种灌丛。低海拔地区的三裂绣线菊灌丛多是森林破坏后的次生群落，在高海拔地区，由于热量和大风的限制，乔木生长受限，三裂绣线菊群落主要为原生群落。群落土壤类型多为褐土或棕壤。

三裂绣线菊灌丛群落高度一般为 0.5～1.5 m，盖度可达 80%以上。常见灌木植物主要有山杏、山桃、胡枝子、大花溲疏、荆条、山杏、小叶鼠李、华北绣线菊、虎榛子、多花胡枝子、阴山胡枝子（*Lespedeza inschanica*）、红花锦鸡儿、木香薷等。草本层高度为 10～30 cm，盖度约为 20%，草本植物主要有大披针薹草、丛生隐子草、桃叶鸦葱、败酱、小红菊、铁杆蒿、大油芒、漏芦、西伯利亚羽茅、茜草等（表 2-30）。

三裂绣线菊灌丛具有良好的水土保持功能；其花色洁白、花序密集，有良好的观赏价值；三裂绣线菊也是重要的蜜源植物。

表 2-30　三裂绣线菊灌丛群落样方调查记录

群落层次	物种	拉丁名	株丛数/株（丛）	平均高度/m	分盖度/%
灌木层	三裂绣线菊	*Spiraea trilobata*	28	1.20	85.00
	木香薷	*Elsholtzia stauntonii*	4	0.90	2.00
	山杏	*Armeniaca sibirica*	5	0.70	2.00
	小叶鼠李	*Rhamnus parvifolia*	2	1.00	3.00
	华北绣线菊	*Spiraea fritschiana*	4	1.50	5.00
	油松	*Pinus tabuliformis*	3	0.30	0.20
	多花胡枝子	*Lespedeza floribunda*	15	0.20	0.50
	红花锦鸡儿	*Caragana rosea*	4	0.20	0.10
草本层	大披针薹草	*Carex lanceolata*	5	0.16	10.00
	铁杆蒿	*Artemisia sacrorum*	3	0.12	3.00
	大油芒	*Spodiopogon sibiricus*	1	0.22	1.00
	桃叶鸦葱	*Scorzonera sinensis*	2	0.08	2.00
	漏芦	*Stemmacantha uniflora*	1	0.35	2.00
	小红菊	*Dendranthema chanetii*	2	0.04	2.00

地点：北京市房山区；海拔：1 113 m；坡向：南坡；坡度：13°；群落盖度：90%；灌木层样方面积：5 m×5 m；草本层样方面积：1 m×1 m。

土庄绣线菊（*Spiraea pubescens*）灌丛

土庄绣线菊灌丛多生于干燥的岩石坡地、向阳的杂木林内，在海拔 200～2 500 m 处都可生长。土庄绣线菊灌丛在研究区内分布较少，仅在大海陀山、小五台山、驼梁山等地海拔 1 500 m 以上的部分地段零星分布。

土庄绣线菊灌丛盖度在 30%～50%，高度约为 0.8 m，灌木层常伴生三裂绣线菊、山杏、暴马丁香、平榛等。草本层盖度可达 70% 以上，主要物种有大披针薹草、铁杆蒿、中华隐子草、石竹、苦参等。

毛花绣线菊（*Spiraea dasyantha*）灌丛

毛花绣线菊灌丛主要分布在怀来、宣化、房山等区县海拔 600～1 200 m 的山地阴坡，阳坡偶尔也有分布。

毛花绣线菊灌丛中常有三裂绣线菊混生，群落中偶有蒙古栎、山杨等物种的幼苗，此外还常伴生六道木、山杏、大花溲疏、小叶白蜡、河朔荛花等。草本层盖度为 20%～45%，高度为 30 cm，主要物种有青绿薹草、茜草、唐松草、粗根鸢尾、苍术、藜芦、本氏针茅、牡蒿、四叶葎等（表 2-31）。

表 2-31　毛花绣线菊灌丛群落样方调查记录

群落层次	物种	拉丁名	株丛数/株（丛）	平均高度/m	分盖度/%
灌木层	毛花绣线菊	*Spiraea dasyantha*	52	1.0	33.8
	蒙古栎	*Quercus mongolica*	23	0.9	12.0
	六道木	*Abelia biflora*	9	1.5	4.5
	卵叶鼠李	*Rhamnus bungeana*	9	1.2	5.8
	河朔荛花	*Wikstroemia chamaedaphne*	5	1.6	3.0
	山杨	*Populus davidiana*	1	1.9	3.0
	大花溲疏	*Deutzia grandiflora*	7	1.2	4.5
	山杏	*Armeniaca sibirica*	2	2.1	4.0
	胡枝子	*Lespedeza bicolor*	6	0.8	3.5
	小叶白蜡	*Fraxinus bungeana*	2	1.8	4.0
草本层	青绿薹草	*Carex breviculmis*	14	0.2	15.0
	苍术	*Atractylodes Lancea*	1	0.3	1.0
	粗根鸢尾	*Iris tigridia*	1	0.2	0.5
	唐松草	*Thalictrum* sp.	1	0.3	1.0
	茜草	*Rubia cordifolia*	1	0.2	0.1
	长芒草	*Stipa bungeana*	1	0.30	2.0

地点：北京市昌平区；海拔：951 m；坡向：北坡；坡度：12°；群落盖度：65%；灌木层样方面积：10 m × 10 m；草本层样方面积：1 m × 1 m。

绣线菊（*Spiraea* spp.）灌丛

除以上三种绣线菊外，研究区还有华北绣线菊（*Spiraea fritschiana*）、中华绣线菊（*S. chinensis*）、绣球绣线菊（*S. blumei*）以及蒙古绣线菊（*S. mongolica*）等，这些绣线菊也能单独或与其他绣线菊混生构成群落建群种。绣线菊灌丛（表 2-32）与三裂绣线菊灌丛和土庄绣线菊灌丛等生境类似，在山地阴坡生长良好。

表 2-32　绣线菊灌丛群落样方调查记录

群落层次	物种	拉丁名	株丛数/株（丛）	平均基径/cm	分盖度/%	平均高度/m
灌木层	三裂绣线菊	*Spiraea trilobata*	9	1.80	18.00	1.10
	土庄绣线菊	*Spiraea pubescens*	10	1.30	20.00	1.50
	尖叶铁扫帚	*Lespedeza juncea*	6	0.20	0.20	0.20
	花木蓝	*Indigofera kirilowii*	20	0.20	3.00	0.30
	木香薷	*Elsholtzia stauntonii*	2	0.40	0.50	0.30
	雀儿舌头	*Leptopus chinenais*	3	0.80	0.20	0.30
	薄皮木	*Leptodermis oblonga*	4	0.30	1.00	0.50
	多花胡枝子	*Lespedeza floribunda*	12	0.20	1.00	0.50
	蚂蚱腿子	*Myripnois dioica*	3	0.30	1.00	0.60
	华北米蒿	*Artemisia giraldii*	6	0.50	0.50	0.70
	大果榆	*Ulmus macrocarpa*	1	2.00	1.00	1.20
	锐齿鼠李	*Rhamnus arguta*	1	1.50	0.50	1.20
	小叶白蜡	*Fraxinus bungeana*	1	0.80	0.50	1.20
	北京丁香	*Syringa pekinensis*	1	3.00	2.00	1.50
	卵叶鼠李	*Rhamnus bungeana*	2	2.00	3.00	1.50
	荆条	*Vitex negundo* var. *heterophylla*	3	3.00	5.00	1.70
	六道木	*Abelia biflora*	2	2.20	2.00	1.80
	山桃	*Amygdalus davidiana*	1	3.50	3.00	2.00
	山杏	*Armeniaca sibirica*	2	5.60	5.00	2.20
草本层	防风	*Saposhnikovia divaricata*	1		0.20	0.15
	委陵菜	*Potentilla chinensis*	1		0.20	0.18
	伞房花耳草	*Hedyotis corymbosa*	1		0.20	0.20
	阴行草	*Siphonostegia chinensis*	3		0.50	0.20
	白羊草	*Bothriochloa ischaemum*	2		1.00	0.22
	大披针薹草	*Carex lanceolata*	5		18.00	0.22
	草地风毛菊	*Saussurea amara*	1		0.50	0.28

群落层次	物种	拉丁名	株丛数/株（丛）	平均基径/cm	分盖度/%	平均高度/m
	兴安胡枝子	*Lespedeza daurica*	1		0.50	0.30
	糙叶败酱	*Patrinia scabra*	3		0.50	0.35
	香青兰	*Dracocephalum moldavica*	2		0.50	0.35
	黑莎草	*Gahnia tristis*	2		0.50	0.36
草本层	球序韭	*Allium thunbergii*	1		0.20	0.36
	北京隐子草	*Cleistogenes hancei*	2		3.00	0.38
	铁杆蒿	*Artemisia sacrorum*	7		5.00	0.50
	地榆	*Sanguisorba officinalis*	1		0.50	0.58
	多歧沙参	*Adenophora wawreana*	1		0.50	0.78

地点：北京市延庆区；海拔：1 072 m；坡向：西南坡；坡度：25°；群落盖度：65%；灌木层样方面积：10 m × 10 m；草本层样方面积：1 m × 1 m。

虎榛子（*Ostryopsis davidiana*）灌丛

虎榛子灌丛多分布在海拔 1 000～1 600 m 的阴坡，土壤厚度为 40～100 cm，土壤类型为棕壤、褐土或棕褐土，群落中枯落物盖度为 20%～100%，枯落物厚度为 1～2 cm。虎榛子灌丛外貌平整，常形成比较致密紧凑的纯灌丛，群落内其他物种优势度一般都较低。虎榛子灌丛生于蒙古栎、桦木林等阔叶林的林缘或疏林的林间时，灌丛中常有散生的乔木或乔木幼苗。

虎榛子灌丛群落内虎榛子占绝对优势，群落高度为 1～3 m，盖度可达 95% 以上。灌木层偶伴生土庄绣线菊、铁杆蒿、照山白、卵叶鼠李、蒙古荚蒾，草本层常以风毛菊、银背风毛菊、蓝刺头、薹草、兴安天门冬、野青茅、小红菊、中华茜草、棉团铁线莲、野豌豆、华北米蒿、鸢尾、地榆、苦荬菜等为主（表 2-33）。

表 2-33　虎榛子灌丛群落样方调查记录

群落层次	物种	拉丁名	株丛数/株（丛）	平均基径/cm	分盖度/%	平均高度/m
	虎榛子	*Ostryopsis davidiana*	280	0.6	90.0	1.25
	土庄绣线菊	*Spiraea pubescens*	23	0.6	8.0	1.50
	铁杆蒿	*Artemisia sacrorum*	8	0.2	4.0	1.40
	照山白	*Rhododendron micranthum*	9	2.5	5.0	1.70
灌木层	卵叶鼠李	*Rhamnus bungeana*	7	0.8	3.0	1.30
	蒙古荚蒾	*Viburnum mongolicum*	5	1.2	4.0	1.40
	野豌豆	*Vicia sepium*	2	0.2	0.3	1.20
	华北米蒿	*Artemisia dracunculus*	1	0.1	0.1	0.60

群落层次	物种	拉丁名	株丛数/株（丛）	平均基径/cm	分盖度/%	平均高度/m
草本层	风毛菊	*Saussurea japonica*	1		9.5	0.20
	银背风毛菊	*Saussurea nivea*	2		2.0	0.13
	蓝刺头	*Echinops davuricus*	1		0.5	0.17
	薹草	*Carxe* sp.	1		3.0	0.20
	兴安天门冬	*Asparagus dauricus*	1		1.0	0.40
	野青茅	*Deyeuxia arundinacea*	1		1.0	0.37
	小红菊	*Chrysanthemum chanetii*	1		0.5	0.11
	茜草	*Rubia cordifolia*	1		0.2	0.10
	棉团铁线莲	*Clematis hexapetala*	1		1.0	0.30
	鸢尾	*Iris* sp.	1		0.1	0.15
	地榆	*Sanguisorba officinalis* L.	4		0.1	0.12
	苦荬菜	*Ixeris polycephala*	2		0.1	0.08

地点：河北省张家口市赤城县雕鹗镇；海拔：933 m；坡向：北坡；坡度：25°；群落盖度：96%；灌木层样方面积：5 m×5 m；草本层样方面积：1 m×1 m。

　　虎榛子灌丛具有改良土壤和保持水土的生态作用；其叶片还是优良的饲料，具有较高的经济价值。

平榛（*Corylus heterophylla*）灌丛

　　平榛灌丛主要分布在燕山山地，太行山地区也有零星分布，主要分布在海拔 800～1 400 m 的山地阴坡和林缘。燕山东部可降至 250～700 m；平榛灌丛坡位一般在中、上、下位坡位和沟谷也有生长；土壤类型一般为棕壤或淋溶褐土，土层较厚。

　　平榛灌丛群落盖度可达 70%～95%，高度为 1～2.5 m，平榛占绝对优势。群落中常见伴生种有胡枝子、山楂叶悬钩子、三裂绣线菊、照山白、六道木、卵叶鼠李等。草本层多不发达，盖度一般小于 10%，高度约为 30 cm，主要物种有青绿薹草、棉团铁线莲、大油芒、苍术、地榆、牡蒿、糙苏、龙牙草、蒙古风毛菊、东亚唐松草、歪头菜、糙苏等（表 2-34）。

　　榛灌丛是森林被破坏后出现的次生植被类型，若停止人为干扰、破坏，伐去过密灌丛，保护乔木及其萌生枝条，可促使森林恢复。在海拔较高处发展为蒙古栎林，低海拔可成为椴树林，湿润处可成为山杨林或栎、椴杂木林。

　　平榛是一种经济价值较高的淀粉植物。平榛的果实（榛子）可供食用，树皮可提取单宁和烤胶，嫩叶青贮可作冬季家畜饲料。

　　平榛灌丛中植物生长繁茂，枝条密集、覆盖度大，是优良的保持水土的植被，具有涵养水源、改善土壤性状的功能。

表 2-34　平榛灌丛群落样方调查记录

群落层次	物种	拉丁名	株丛数/株（丛）	平均高度/m	分盖度/%
灌木层	平榛	*Corylus heterophylla*	56	1.80	90.0
	蒙古栎	*Quercus mongolica*	3	2.20	3.0
	胡枝子	*Lespedeza bicolor*	6	1.40	5.0
	山楂叶悬钩子	*Rubus crataegifolius*	4	0.50	3.0
	三裂绣线菊	*Spiraea trilobata*	2	0.40	0.3
	葎叶蛇葡萄	*Ampelopsis humulifolia*	1	2.20	0.5
	六道木	*Abelia biflora*	1	1.70	2.0
	卵叶鼠李	*Rhamnus bungeana*	2	2.40	5.0
草本层	北京隐子草	*Cleistogenes hancei*	11	0.06	5.0
	青绿薹草	*Carex breviculmis*	1	0.07	1.0
	铁杆蒿	*Artemisia sacrorum*	4	0.32	3.0
	青绿薹草	*Carex breviculmis*	1	0.25	1.0
	藜芦	*Veratrum nigrum*	1	0.30	1.0
	歪头菜	*Vicia unijuga*	1	0.20	0.5
	糙苏	*Phlomis umbrosa*	1	0.90	5.0

地点：北京市门头沟区；海拔：836 m；坡向：北坡；坡度：8°；群落盖度：97%；灌木层样方面积：5 m×5 m；草本层样方面积：1 m×1 m。

河朔荛花（*Wikstroemia chamaedaphne*）灌丛

河朔荛花又称野瑞香，主要分布在怀来县、涿鹿县、蔚县、易县海拔 500 m 以下的低山丘陵。群落多发育在阳坡，以中、下坡位为多，沟谷也有发育，土壤类型为褐土。

河朔荛花较少形成单优群落，常与荆条形成共优群落，主要伴生种有兴安胡枝子、三裂绣线菊、河北木蓝等。群落高度为 0.5～1 m，盖度约为 25%。草本层盖度约为 30%，在南部主要为白羊草、黄背草、薹草等，北部则以铁杆蒿、北京隐子草、本氏针茅、远志占优势（表 2-35）。

表 2-35　河朔荛花灌丛群落样方调查记录

群落层次	物种	拉丁名	株丛数/株（丛）	平均高度/m	分盖度/%
灌木层	河朔荛花	*Wikstroemia chamaedaphne*	79	1.10	12.5
	荆条	*Vitex negundo* var. *heterophylla*	30	1.00	13.0
	木香薷	*Elsholtzia stauntonii*	8	0.30	2.0
	侧柏	*Platycladus orientalis*	1	0.50	1.0
	多花胡枝子	*Lespedeza floribunda*	133	0.20	4.3
	鹅耳枥	*Carpinus turczaninowii*	1	1.70	3.0
	毛花绣线菊	*Spiraea dasyantha*	1	0.60	5.0

群落层次	物种	拉丁名	株丛数/株（丛）	平均高度/m	分盖度/%
草本层	北京隐子草	*Cleistogenes hancei*	3	0.11	3.0
	白羊草	*Bothriochloa ischaemum*	8	0.06	10.0
	大披针薹草	*Carex lanceolata*	3	0.14	15.0
	西伯利亚羽茅	*Achnatherum sibiricum*	2	0.35	2.0
	赖草	*Leymus secalinus*	2	0.35	1.0

地点：北京市房山区；海拔：802 m；坡向：东坡；坡度：8°；群落盖度：35%；灌木层样方面积：10 m×10 m；草本层样方面积：1 m×1 m。

红丁香（*Syringa villosa*）灌丛

红丁香灌丛仅在大海陀和松山等地海拔 2 000～2 200 m 的山地阳坡有少量分布，群落高度约为 1.6 m，常伴生金露梅。草本层主要有铁杆蒿、糙叶败酱、叉分蓼、小红菊、瓣蕊唐松草、银背风毛菊、鼠掌老鹳草、地榆等。

暴马丁香（*Syringa reticulata* subsp. *amurensis*）灌丛

暴马丁香多生长于山坡灌丛或林边，主要分布于海拔 700～1 500 m 的阴坡或半阴坡。在研究区的大海陀、八达岭等地有分布。暴马丁香在水分条件较好的地区可发育为暴马丁香林。

暴马丁香灌丛群落高度为 1.7～3 m，平均盖度约为 50%，主要伴生种有山杏、栾树、木香薷、毛榛、三裂绣线菊、荆条、红花锦鸡儿、小花扁担杆、杭子梢、小叶朴等。草本层盖度一般小于 10%，高度为 25～40 cm，主要物种有铁杆蒿、野青茅、穿龙薯蓣、莓叶委陵菜、蓝萼香茶菜、中华隐子草等。

山蒿（*Artemisia brachyloba*）灌丛

山蒿又称岩蒿，为小灌木或半灌木状草本。山蒿灌丛多生长于较干旱的石质山坡、岩石露头或碎石质山坡，是山地旱生、石生常见群落，在研究区仅有零星分布，见于张家口市蔚县、涿鹿县、赤城县等海拔 900～1 300 m 的石质山坡或沟谷。

山蒿灌丛盖度为 25%～40%，群落高度为 0.4～0.6 m，伴生种多为草原种，主要有薹草、蒲公英、北柴胡、双花堇菜等，但一般盖度较低（表 2-36）。

表 2-36　山蒿灌丛群落样方调查记录

群落层次	物种	拉丁名	株丛数/株（丛）	平均基径/cm	分盖度/%	平均高度/m
灌木层	山蒿	*Artemisia brachyloba*	28	1.53	3.61	0.37
	木香薷	*Elsholtzia stauntonii*	10	1.13	0.69	0.39
	刺榆	*Hemiptelea davidii*	12	0.83	1.48	0.40
	灌木铁线莲	*Clematis fruticosa*	2	0.80	0.50	0.41

群落层次	物种	拉丁名	株丛数/株（丛）	平均基径/cm	分盖度/%	平均高度/m
草本层	糙叶黄芪	*Astragalus scaberrimus*	2		1.00	0.05
	地梢瓜	*Cynanchum thesioides*	1		0.10	0.09
	风毛菊	*Saussurea japonica*	1		0.20	0.12
	苦荬菜	*Ixeris polycephala*	1		0.10	0.12
	克氏针茅	*Stipa krylovii*	3		18.00	0.13
	阿尔泰狗娃花	*Heteropappus altaicus*	2		0.50	0.14
	远志	*Polygala tenuifolia*	1		0.20	0.17
	丛生隐子草	*Cleistogenes caespitosa*	1		0.20	0.18
	薹草	*Carex* sp.	5		0.50	0.18
	北柴胡	*Bupleurum chinense*	1		0.20	0.32
	兴安天门冬	*Asparagus dauricus*	1		0.80	0.35
	白羊草	*Bothriochloa ischaemum*	1		1.00	0.68

地点：河北省张家口市赤城县雕鹗镇；海拔：860 m；坡向：南坡；坡度：28°；群落盖度：25%；灌木层样方面积：5 m×5 m；草本层样方面积：1 m×1 m。

六道木（*Abelia biflora*）灌丛

六道木灌丛主要分布于雾灵山、百花山、小五台山等海拔 1 100～2 000 m 的山地阴坡、半阴坡，在海拔 1 600 m 以上的地区生长最好，土壤类型为山地棕壤。

六道木灌丛群落高为 1.5～3 m，盖度多在 80% 以上，群落内常有坚桦、大花溲疏、华北绣线菊、三裂绣线菊、齿叶白鹃梅（*Exochorda serratifolia*）、暴马丁香、大叶白蜡等。草本层高度为 20 cm，盖度一般在 25% 以下，主要物种有薹草、苍术、铁杆蒿、粗根鸢尾、地榆、三褶脉紫菀、糙苏等（表 2-37）。

表 2-37　六道木灌丛群落样方调查记录

群落层次	物种	拉丁名	株丛数/株（丛）	平均高度/m	分盖度/%
灌木层	坚桦	*Betula chinensis*	29	3.3	26.8
	六道木	*Abelia biflora*	23	2.4	21.3
	蒙古栎	*Quercus mongolica*	9	2.4	3.0
	大花溲疏	*Deutzia grandiflora*	54	0.9	10.5
	暴马丁香	*Syringa reticulata* subsp. *amurensis*	12	2.2	9.3
	华北绣线菊	*Spiraea fritschiana*	28	1.7	7.8
	三裂绣线菊	*Spiraea trilobata*	5	1.7	5.0
	齿叶白鹃梅	*Exochorda serratifolia*	1	2.0	5.0
	大叶白蜡	*Fraxinus rhynchophylla*	7	0.6	1.3
	东北鼠李	*Rhamnus schneideri* var. *manshurica*	5	0.4	0.8
	照山白	*Rhododendron micranthum*	1	3.2	15.0

群落层次	物种	拉丁名	株丛数/株（丛）	平均高度/m	分盖度/%
草本层	青绿薹草	*Carex breviculmis*	9	0.2	15.0
	苍术	*Atractylodes Lancea*	3	0.2	3.0
	粗根鸢尾	*Iris tigridia*	1	0.1	0.5
	唐松草	*Thalictrum* sp.	2	0.5	1.0

地点：北京市百花山；海拔：1 170 m；坡向：北坡；坡度：8°；群落盖度：85%；灌木层样方面积：10 m × 10 m；草本层样方面积：1 m × 1 m。

卵叶鼠李（*Rhamnus bungeana*）灌丛

卵叶鼠李灌丛在北京、河北地区分布广泛，但是分布面积较小，较多出现在河北省赤城县及北京市延庆区等地海拔 600～1 000 m 低山中部的阳坡。土壤类型为山地褐土，生境干燥、石质化。

卵叶鼠李灌丛群落高度为 1.5 m 左右，盖度多为 20%～70%，群落内常有大果榆、荆条等灌木，隐子草、糙叶败酱、瓦松等草本植物（表 2-38）。

表 2-38　卵叶鼠李灌丛群落样方调查记录

群落层次	物种	拉丁名	株丛数/株（丛）	平均基径/cm	分盖度/%	平均高度/m
灌木层	卵叶鼠李	*Rhamnus bungeana*	8	3.18	7.12	1.33
	大果榆	*Ulmus macrocarpa*	2	2.23	2.50	2.10
	兴安胡枝子	*Lespedeza daurica*	5	0.17	0.40	0.38
	河北木蓝	*Indigofera bungeana*	12	0.27	1.61	0.50
	多花胡枝子	*Lespedeza floribunda*	4	0.53	4.80	0.75
	木香薷	*Elsholtzia stauntonii*	4	0.98	1.36	0.93
草本层	地黄	*Rehmannia glutinosa*	1		0.20	0.05
	马兰	*Kalimeris indica*	1		0.20	0.06
	瓦松	*Orostachys fimbriatus*	1		0.50	0.10
	地梢瓜	*Cynanchum thesioides*	1		0.50	0.15
	铁杆蒿	*Artemisia sacrorum*	2		0.50	0.17
	丛生隐子草	*Cleistogenes caespitosa*	2		3.00	0.25
	糙叶败酱	*Patrinia scabra*	1		0.50	0.27

地点：河北省张家口市赤城县罗家湾村；海拔：795 m；坡向：西坡；坡度：23°；群落盖度：25%；灌木层样方面积：5 m × 5 m；草本层样方面积：1 m × 1 m。

大叶白蜡（*Fraxinus rhynchophylla*）灌丛

大叶白蜡灌丛分布面积较小，主要分布在海拔 700～1 000 m 的山地半阳坡至阴坡。水分条件较好时其可与蒙古栎、丁香、元宝槭等形成杂木林。

灌木层高为 3～4 m，盖度为 60%～85%，主要有三裂绣线菊、北京丁香、东北鼠李、山桃、山杏、胡枝子、雀儿舌头等。草本层一般不发达，高度一般低于 30 cm，盖度为 15%～30%，主要有北柴胡、大油芒、桃叶鸦葱、三褶脉紫菀、石竹、甘野菊、远东芨芨草、白莲蒿、南牡蒿、野青茅、鹅绒委陵菜、紫沙参、异叶败酱、糖芥、石生繁缕、野韭、簇生卷耳、小花鬼针草等（表 2-39）。

表 2-39 大叶白蜡灌丛群落样方调查记录

群落层次	物种	拉丁名	株丛数/株（丛）	平均高度/m	分盖度/%
灌木层	大叶白蜡	*Fraxinus rhynchophylla*	124	3.80	73.8
	三裂绣线菊	*Spiraea trilobata*	45	0.90	4.5
	毛花绣线菊	*Spiraea dasyantha*	16	1.10	3.9
	雀儿舌头	*Leptopus chinenais*	6	0.50	1.3
	北京丁香	*Syringa pekinensis*	4	1.90	1.7
	东北鼠李	*Rhamnus schneideri* var. *manshurica*	2	0.40	1.0
	山杏	*Armeniaca sibirica*	2	1.10	0.8
	河朔荛花	*Wikstroemia chamaedaphne*	2	0.50	0.5
	木香薷	*Elsholtzia stauntonii*	2	0.30	0.5
	黄栌	*Cotinus coggygria*	3	0.40	0.2
	荆条	*Vitex negundo* var. *heterophylla*	16	0.50	5.0
	红花锦鸡儿	*Caragana rosea*	3	0.80	1.0
	薄皮木	*Leptodermis oblonga*	2	0.50	3.0
	小花扁担杆	*Grewia biloba* var. *parviflora*	2	0.60	0.5
	河北木蓝	*Indigofera bungeana*	1	0.90	1.0
草本层	大披针薹草	*Carex lanceolata*	9	0.25	10
	苍术	*Atractylodes Lancea*	2	0.05	0.5
	大丁草	*Gerbera anandria*	1	0.05	1.0
	白头翁	*Pulsatilla chinensis*	1	0.10	0.1
	桃叶鸦葱	*Scorzonera sinensis*	2	0.15	1.0
	鬼针草	*Bidens pilosa*	3	0.05	0.1

地点：北京市房山区；海拔：1 239 m；坡向：南坡；坡度：2°；群落盖度：70%；灌木层样方面积：10 m × 10 m；草本层样方面积：1 m × 1 m。

小叶白蜡（*Fraxinus bungeana*）灌丛

小叶白蜡灌丛在赤城、怀来、门头沟、涞源等地均有分布，主要分布在海拔 600～1 000 m 处的山地阴坡，群落高度为 1.5～2.5 m，盖度为 85% 左右。灌木层主要伴生种有东北鼠李、荆条、钩齿溲疏、毛花绣线菊、三裂绣线菊、山杏、小叶白蜡、酸枣、多花胡枝子等。草本层高度为 15～30 cm，盖度为 30%～50%，主要物种有大披针薹草、苍术、知母、西伯利亚羽茅、丛生隐子草、射干鸢尾、银背风毛菊、桃叶鸦葱、北黄花菜、大油芒、玉竹、大丁草、卷柏、远志等（表 2-40）。

表 2-40   小叶白蜡灌丛群落样方调查记录

群落层次	物种	拉丁名	株丛数/株（丛）	平均高度/m	分盖度/%
灌木层	小叶白蜡	*Fraxinus bungeana*	34	2.1	36.3
	荆条	*Vitex negundo* var. *heterophylla*	46	1.3	13.8
	钩齿溲疏	*Deutzia hamata*	71	0.8	11.8
	东北鼠李	*Rhamnus schneideri* var. *manshurica*	6	1.2	2.0
	毛花绣线菊	*Spiraea dasyantha*	27	0.9	7.0
	三裂绣线菊	*Spiraea trilobata*	44	1.1	9.0
	山杏	*Armeniaca sibirica*	8	0.4	0.6
	酸枣	*Ziziphus jujuba* var. *spinosa*	2	1.3	0.3
	多花胡枝子	*Lespedeza floribunda*	8	0.4	0.5
	胡枝子	*Lespedeza bicolor*	6	0.9	0.8
草本层	大披针薹草	*Carex lanceolata*	6	0.1	10.0
	铁杆蒿	*Artemisia sacrorum*	1	0.4	2.0
	华北米蒿	*Artemisia giraldii*	4	0.5	2.0
	穿龙薯蓣	*Dioscorea nipponica*	3	0.3	4.0
	苍术	*Atractylodes Lancea*	2	0.2	2.0
	知母	*Anemarrhena asphodeloides*	2	0.2	1.0
	卷柏	*Selaginella tamariscina*	2	0.0	5.0
	西伯利亚羽茅	*Achnatherum sibiricum*	6	0.5	3.0
	萱草	*Hemerocallis fulva*	1	0.4	5.0
	大油芒	*Spodiopogon sibiricus*	3	0.4	1.0

地点：北京市门头沟区；海拔：887 m；坡向：西北坡；坡度：5°；群落盖度：80%；灌木层样方面积：10 m × 10 m；草本层样方面积：1 m × 1 m。

蚂蚱腿子（*Myripnois dioica*）灌丛

蚂蚱腿子灌丛主要分布于太行山北段，海拔 300～1 000 m 处。在涿鹿、蔚县、涞源、平山一带均有分布。群落没有明显的坡向偏好，但在阴坡生长更好。蚂蚱腿子灌丛还常在荆条灌丛中呈斑块状分布。土壤为褐土或棕壤。

蚂蚱腿子灌丛一般以蚂蚱腿子为建群种，优势度可达 0.8 以上，群落盖度可达 85% 以上。其他灌木还有山杏、山桃、荆条、杭子梢、毛花绣线菊、黄栌等。草本层一般不发达，盖度为 10～15%，高度为 15～25 cm，主要物种有铁杆蒿、石竹、石沙参、地榆、白头翁、漏芦、曲枝天门冬、穿龙薯蓣等（表 2-41）。

表 2-41　蚂蚱腿子灌丛群落样方调查记录

群落层次	物种	拉丁名	株丛数/株（丛）	平均高度/m	分盖度/%
灌木层	蚂蚱腿子	*Myripnois dioica*	117	0.8	68.8
	三裂绣线菊	*Spiraea trilobata*	12	0.7	1.4
	毛花绣线菊	*Spiraea dasyantha*	3	0.8	3.0
	山桃	*Amygdalus davidiana*	8	2.0	3.8
	荆条	*Vitex negundo* var. *heterophylla*	10	1.9	6.3
	黄栌	*Cotinus coggygria*	4	1.5	7.7
	杭子梢	*Campylotropis macrocarpa*	1	0.3	0.5
	律叶蛇葡萄	*Ampelopsis humulifolia*	2	0.8	2.0
	大叶白蜡	*Fraxinus rhynchophylla*	1	3.5	5.0
	山杏	*Armeniaca sibirica*	1	4.0	5.0
	暴马丁香	*Syringa reticulata* subsp. *amurensis*	1	3.0	2.0
草本层	穿龙薯蓣	*Dioscorea nipponica*	3	0.21	5.0
	唐松草	*Thalictrum* sp.	1	0.45	2.0
	紫菀	*Aster tataricus*	1	0.54	4.0
	玉竹	*Polygonatum odoratum*	2	0.12	4.0

地点：北京市门头沟区；海拔：408 m；坡向：北坡；坡度：5°；群落盖度：87%；灌木层样方面积：10 m×10 m；草本层样方面积：1 m×1 m。

小花扁担杆（*Grewia biloba* var. *parviflora*）灌丛

小花扁担杆灌丛分布面积较小，在研究区内仅在北京市大杨山里发现小面积分布。小花扁担杆灌丛主要分布在海拔较低的丘陵谷地，土壤为山地褐土。

小花扁担杆灌丛群落盖度为 35%～65%，常伴生野皂荚、卵叶鼠李等灌木。草本层主要有射干鸢尾、中华茜草、鸢尾、鹅绒藤、薹草、北京隐子草、禾叶山麦冬等（表 2-42）。

表 2-42　小花扁担杆灌丛群落样方调查记录

群落层次	物种	拉丁名	株丛数/株（丛）	平均基径/cm	分盖度/%	平均高度/m
灌木层	小花扁担杆	*Grewia biloba* var. *parviflora*	7	2.84	11.06	3.04
	红花锦鸡儿	*Caragana rosea*	4	0.80	0.32	1.10
	雀儿舌头	*Leptopus chinenais*	1	0.80	0.60	1.20
	卵叶鼠李	*Rhamnus bungeana*	5	2.42	6.70	1.44
	野皂荚	*Gleditsia microphylla*	2	3.15	4.12	2.00
	胡枝子	*Lespedeza bicolor*	6	1.70	11.60	2.50
	荆条	*Vitex negundo* var. *heterophylla*	5	3.37	6.93	2.73

群落层次	物种	拉丁名	株丛数/株（丛）	平均基径/cm	分盖度/%	平均高度/m
草本层	射干鸢尾	*Iris dichotoma*	1		0.20	0.10
	中华茜草	*Rubia chinensis*	1		0.50	0.18
	鹅绒藤	*Cynanchum chinense*	1		0.50	0.20
	薹草	*Carex* sp.	1		3.00	0.26
	北京隐子草	*Cleistogenes hancei*	5		15.00	0.30
	禾叶山麦冬	*Liriope graminifolia*	1		0.50	0.40
	野青茅	*Deyeuxia arundinacea*	1		0.20	0.60

地点：北京市昌平区大杨山；海拔：93 m；坡向：西坡；坡度：7°；群落盖度：40%；灌木层样方面积：10 m×10 m；草本层样方面积：1 m×1 m。

野皂荚（*Gleditsia microphylla*）灌丛

野皂荚灌丛主要分布于昌平区流村镇至门头沟区雁翅镇、斋堂镇及房山区河北镇一带，在昌平区大杨山以及易县洪崖山、狼牙山和涞源县也有分布。野皂荚主要分布于海拔 600 m 以下的丘陵地带，没有明显的坡向分异，以阳坡居多。野皂荚根系发达，生活力强，耐干旱贫瘠，土壤为褐土。

野皂荚灌丛常与荆条共同组成群落的优势种。群落明显分为两层，上层野皂荚高度为 2～3 m，第二层主要为荆条，高度约为 1.5 m，伴生小叶鼠李、酸枣、河朔荛花、河北木蓝等。草本层一般比较简单，高度为 20～30 cm，盖度一般小于 15%，主要物种有北京隐子草、铁杆蒿、远志、白羊草、大披针薹草、败酱、前胡、苔草等（表 2-43）。

表 2-43　野皂荚灌丛群落样方调查记录

群落层次	物种	拉丁名	株丛数/株（丛）	平均高度/m	分盖度/%
灌木层	野皂荚	*Gleditsia microphylla*	68	2.9	22.5
	荆条	*Vitex negundo* var. *heterophylla*	35	1.2	7.0
	臭椿	*Ailanthus altissima*	1	2.5	5.0
	河北木蓝	*Indigofera bungeana*	7	0.6	2.0
草本层	北京隐子草	*Cleistogenes hancei*	7	0.2	8.0
	铁杆蒿	*Artemisia sacrorum*	2	0.3	1.0

地点：北京市昌平区；海拔：174 m；坡向：南坡；坡度：15°；群落盖度：35%；灌木层样方面积：10 m × 10 m；草本层样方面积：1 m×1 m。

黄栌（*Cotinus coggygria*）灌丛

黄栌灌丛主要生长在海拔 800 m 以下的山地，在研究区内主要分布于房山、门头沟、昌平一带海拔 600 m 以下的山地，坡向分异不明显，阴坡生长更好，土壤为淋溶褐土，个别地段偶为棕壤。

黄栌灌丛以黄栌为建群种，有时与荆条或小叶白蜡共同组成优势种。灌木层高度为

2.5～4 m，盖度为 50%～70%，主要植物有荆条、三裂绣线菊、河朔莸花、小花扁担杆、大叶白蜡、南口锦鸡儿、山桃、杭子梢等。草本层高度约为 30cm，盖度为 25%～50%，主要物种有大披针薹草、北京隐子草、唐松草、棉团铁线莲、野古草、败酱、玉竹、曲枝天门冬、山丹、长瓣铁线莲、穿龙薯蓣等（表 2-44）。

黄栌季相变化明显，秋季叶片变红，是极具欣赏价值的植被景观。此外黄栌木材还可提取黄色染料。

表 2-44　黄栌灌丛群落样方调查记录

群落层次	物种	拉丁名	株丛数/株（丛）	平均高度/m	分盖度/%
灌木层	黄栌	*Cotinus coggygria*	39	3.50	35.0
	荆条	*Vitex negundo* var. *heterophylla*	34	1.70	14.3
	毛花绣线菊	*Spiraea dasyantha*	19	1.00	4.0
	河朔莸化	*Wikstroemia chamaedaphne*	21	1.30	3.5
	小花扁担杆	*Grewia biloba* var. *parviflora*	3	0.90	2.0
	山杏	*Armeniaca sibirica*	1	1.50	1.0
	大叶白蜡	*Fraxinus rhynchophylla*	2	2.20	3.0
	山桃	*Amygdalus davidiana*	1	0.30	0.3
草本层	大披针薹草	*Carex lanceolata*	9	0.30	40.0
	远志	*Polygala tenuifolia*	2	0.30	2.0
	棉团铁线莲	*Clematis hexapetala*	2	0.20	2.0
	小红菊	*Dendranthema chanetii*	5	0.10	1.0
	败酱	*Patrinia scabiosaefolia*	1	0.20	1.0
	北京隐子草	*Cleistogenes hancei*	3	0.40	5.0
	野古草	*Arundinella hirta*	2	0.30	5.0
	唐松草	*Thalictrum* sp.	1	0.25	1.0

地点：北京市房山区；海拔：298 m；坡向：东坡；坡度：6°；群落盖度：55%；灌木层样方面积：10 m×10 m；草本层样方面积：1 m×1 m。

少脉雀梅藤（*Sageretia paucicostata*）灌丛

少脉雀梅藤又称对节木，主要分布在房山区十渡至野三坡一带和拒马河沿岸的山坡上，此外易县紫荆关附近也有分布。少脉雀梅藤灌丛多生长在海拔 230～800 m 的阳坡、半阳坡，常与荆条共同构成群落优势种。

少脉雀梅藤灌丛群落高为 2～2.5 m，盖度为 40%～70%，群落中主要有荆条、河朔莸花、小叶鼠李、酸枣、河北木蓝、榆树、小花扁担杆、叶底珠、青檀、薄皮木、木香薷等。草本层中卷柏常占优势，盖度可达 50% 以上。草本层盖度可达 50%～90%，主要草本植物有北京隐子草、大披针薹草、丛生隐子草、旱生卷柏、铁杆蒿、苔草、野韭、远志、太行铁线莲、甘菊等（表2-45）。

表2-45 少脉雀梅藤灌丛群落样方调查记录

群落层次	物种	拉丁名	株丛数/株（丛）	平均高度/m	分盖度/%
灌木层	少脉雀梅藤	*Sageretia paucicostata*	26	2.3	42.5
	荆条	*Vitex negundo* var. *heterophylla*	34	1.5	8.3
	河朔荛花	*Wikstroemia chamaedaphne*	18	1.4	5.8
	酸枣	*Ziziphus jujuba* var. *spinosa*	1	1.6	0.3
	榆树	*Ulmus pumila*	1	3.0	8.0
	河北木蓝	*Indigofera bungeana*	16	0.9	3.7
	小花扁担杆	*Grewia biloba* var. *parviflora*	6	1.0	3.5
	叶底珠	*Securinega suffruticosa*	18	1.0	3.5
	青檀	*Pteroceltis tatarinowii*	1	2.0	1.0
	红花锦鸡儿	*Caragana rosea*	2	0.6	0.5
草本层	丛生隐子草	*Cleistogenes caespitosa*	6	0.2	30.0
	卷柏	*Selaginella tamariscina*	5	0.0	8.0
	荩草	*Arthraxon hispidus*	2	0.1	0.5
	远志	*Polygala tenuifolia*	1	0.4	1.0
	铁杆蒿	*Artemisia sacrorum*	1	0.3	1.0
	大披针薹草	*Carex lanceolata*	1	0.1	3.0

地点：北京市房山区；海拔：237 m；坡向：南坡；坡度：8°；群落盖度：55%；灌木层样方面积：10 m×10 m；草本层样方面积：1 m×1 m。

胡枝子（*Lespedeza bicolor*）灌丛

胡枝子灌丛主要分布在小五台山和驼梁地区，在雾灵山、百花山等北京的山地中也较常见，但一般分布面积不大。胡枝子喜暖湿，但亦耐旱，主要生长在海拔600～2 000 m的山地阴坡、半阳坡、林缘或空旷地带。土壤类型为褐土或棕壤。胡枝子灌丛一般为森林破坏后处于恢复演替阶段的次生植被，灌丛内偶有栎属、桦属植物幼苗，加以保护抚育可恢复为阔叶林。

胡枝子灌丛群落高度为1.2～2 m，最高可达2.5 m以上，群落盖度依生境和干扰情况为40%～95%。群落内常伴生三裂绣线菊、大叶白蜡、小叶鼠李、薄皮木、土庄绣线菊、木香薷、山楂叶悬钩子等。草本层发育或不发达，盖度为30%～70%，主要有大披针薹草、北京隐子草、蓝萼香茶菜、北柴胡、展枝沙参、龙牙草、大油芒、白头翁、歪头菜、牛尾蒿、牡蒿等。

大花溲疏（*Deutzia grandiflora*）灌丛

大花溲疏灌丛主要分布在房山区至阜平县一带海拔800～1 200 m的低山、丘陵阴坡。

有时大花溲疏在群落中优势度不高，与小花溲疏、三裂绣线菊等共同组成杂木灌丛。

大花溲疏灌丛群落高度为 1～1.8 m，盖度为 50%～85%。主要物种有三裂绣线菊、小花溲疏、胡枝子、薄皮木、荆条、小花扁担杆、照山白等，草本植物主要有北京隐子草、苔草、茜草等。

木香薷（*Elsholtzia stauntonii*）灌丛

木香薷灌丛主要分布在海拔 1 000～1 200 m 的谷地溪边或草坡、石山上，有时也出现在弃耕地上或路边，在研究区内多见于小五台山南麓地区。群落组成较为单一，一般以木香薷占绝对优势，盖度可达 85% 以上，其中偶见胡枝子、河朔荛花、薄皮木、荆条、杭子梢、三裂绣线菊等，草本层一般不发达，在群落边缘常有大披针薹草、铁杆蒿、大油芒、臭草、细叶葱、茜草等。

坚桦（*Betula chinensis*）灌丛

坚桦灌丛主要生长在海拔 1 000～2 000 m 的山地阴坡、山脊或近山顶处，主要分布在小五台山地区，百花山、雾灵山、驼梁等地也有成片分布。

坚桦灌丛高为 3～5 m，群落盖度为 80%～90%，主要物种有六道木、照山白、暴马丁香、大花溲疏、华北绣线菊、蒙古栎、三裂绣线菊、迎红杜鹃、毛榛等。土壤一般比较贫瘠，草本层不发达，盖度为 15%～55%，主要物种有大披针薹草、糙苏、小红菊、鼠掌老鹳草、瓣蕊唐松草、玉竹、矮紫苞鸢尾、三褶脉紫菀、地榆、半钟铁线莲、华北风毛菊、银背风毛菊、紫沙参、腺毛委陵菜（*Potentilla longifolia*）、火绒草、金莲花等（表 2-46）。

表 2-46　坚桦灌丛群落样方调查记录

群落层次	物种	拉丁名	株丛数/株（丛）	平均高度/m	分盖度/%
灌木层	坚桦	*Betula chinensis*	52	3.8	42.5
	六道木	*Abelia biflora*	18	2.3	7.5
	蒙古栎	*Quercus mongolica*	16	1.9	5.6
	照山白	*Rhododendron micranthum*	12	2.2	7.5
	暴马丁香	*Syringa reticulata* subsp. *amurensis*	16	1.6	4.5
	大花溲疏	*Deutzia grandiflora*	76	1.0	13.8
	华北绣线菊	*Spiraea fritschiana*	11	1.0	2.7
	辽椴	*Tilia mandshurica*	2	2.2	10.0
	小花扁担杆	*Grewia biloba* var. *parviflora*	1	1.1	0.5
	大叶白蜡	*Fraxinus rhynchophylla*	1	1.6	1.0
草本层	大披针薹草	*Carex lanceolata*	2	0.15	2.0
	糙苏	*Phlomis umbrosa*	1	0.25	2.0
	瓣蕊唐松草	*Thalictrum petaloideum*	1	0.35	3.0

地点：北京市房山区；海拔：1 168 m；坡向：北坡；坡度：12°；群落盖度：75%；灌木层样方面积：10 m × 10 m；草本层样方面积：1 m × 1 m。

沙棘（*Hippophae rhamnoides*）灌丛

沙棘灌丛主要分布在小五台山以南蔚县—涞源"空中草原"附近，在小五台山北麓、涿鹿县、东灵山一带以及驼梁、白石山等地也有分布，其中百花山地区是沙棘灌丛自然分布的最东界。群落分布在海拔 1 200～1 800 m 的地区，耐寒、耐旱，对于土壤质地和坡向要求不严，在地势相对开阔的高平原地区常呈斑块状分布。土壤多为棕壤或淋溶褐土。

沙棘灌丛一般为单优势种，高度为 1.2～3.5 m，盖度可达 85%以上，群落内常伴生三裂绣线菊、胡枝子、平榛、土庄绣线菊等。草本层变异较大，盖度为 50%～70%，常见物种有铁杆蒿、大油芒、野古草、野青茅、龙牙草、蓝花棘豆、华北蓝盆花、扁蓿豆、曲枝繁缕、杏叶沙参、棘豆属种类、北柴胡、鼠掌老鹳草、百蕊草、薹草、石竹、地榆、球果堇菜、广布野豌豆等（表 2-47）。

沙棘根系含有根瘤菌，可以肥育土壤，且生长迅速，很快就能形成郁闭的灌丛，具有良好的改良土壤和水土保持作用；沙棘果实酸甜，富含多种维生素，可加工成果汁饮料；沙棘还是速生的灌木薪炭林及优良饲料。

表 2-47　沙棘灌丛群落样方调查记录

群落层次	物种	拉丁名	株丛数/株（丛）	平均高度/m	分盖度/%
灌木层	沙棘	*Hippophae rhamnoides*	27	2.20	47.5
	胡枝子	*Lespedeza bicolor*	12	1.60	4.4
	土庄绣线菊	*Spiraea pubescens*	7	1.70	7.6
	三裂绣线菊	*Spiraea trilobata*	33	1.70	22.5
草本层	东亚唐松草	*Thalictrum minus* var. *hypoleucum*	1	0.36	2.0
	木香薷	*Elsholtzia stauntonii*	5	0.32	3.0
	臭草	*Melica scabrosa*	2	0.42	1.0
	唐芥	*Erysimum bungei*	1	0.46	0.5
	牡蒿	*Artemisia japonica*	12	0.12	2.0
	抱草	*Melica virgata*	85	0.66	50.0
	狼尾花	*Lysimachia barystachys*	1	0.43	1.0
	蒙古蒿	*Artemisia mongolica*	3	1.50	4.0

地点：河北省平山县；海拔：1 689 m；坡向：北坡；坡度：15°；群落盖度：88%；灌木层样方面积：10 m×10 m；草本层样方面积：1 m×1 m。

密齿柳（*Salix characta*）灌丛

密齿柳灌丛仅分布在小五台山地区，主要位于海拔 2 000～2 300 m 的区域，为原始森林植被遭到破坏后形成的次生植被，位于针叶林和亚高山草甸之间。群落高度为 1.5～

2.5 m，盖度为 50%～85%。灌木层主要有密齿柳和呈灌丛状的硕桦，其间常混生金露梅、悬钩子、小叶茶藨子、绣线菊、六道木等。草本植物主要有胭脂花、紫苞风毛菊、华北马先蒿、密花岩风、鹿药、穿龙薯蓣、梅花草、华北乌头及地榆等。

杠柳（*Periploca sepium*）灌丛

杠柳为萝藦科蔓性灌木。群落主要分布于路旁、沟谷、林缘等地。群落高度依攀附的植物而有所不同，一般为 1.2～3.5 m，盖度可达 85%以上，偶有山杏、东陵八仙花、三裂绣线菊、短尾铁线莲等。草本植物中田间杂草占较大比例，常见的有艾、葎草、狗尾草、萝藦、老鹳草、艾蒿、铁杆蒿、大油芒等。

青檀（*Pteroceltis tatarinowii*）灌丛

青檀灌丛仅在蒲洼、十渡、妙峰山有分布，主要分布于海拔 200～400 m 的山地半阳坡至阴坡或沟谷中。由于水分条件不良，青檀多为灌木状，在沟谷中水分条件较好时则可生长为乔木。

青檀灌丛群落高度为 3～4 m，盖度为 50%，主要物种有小花溲疏、叶底珠、栾树、荆条、少脉雀梅藤、山桃、毛花绣线菊、小叶鼠李、河朔荛花、酸枣等。草本层高为 20～50 cm，盖度为 20%～55%，主要物种有丛生隐子草、三褶脉紫菀、马兜铃、黄精、玉竹、荩草、远志、茜草、卷柏、太行铁线莲、兴安胡枝子等（表 2-48）。

青檀分布范围狭窄而且群系面积较小，是我国特有珍贵树种，也是国家三级保护植物。此外，青檀木材坚硬细致，是做农具、车轴、家具和建筑用的上等木料，具有较高的保护价值。

表 2-48　青檀灌丛群落样方调查记录

群落层次	物种	拉丁名	株丛数/株（丛）	平均高度/m	分盖度/%
灌木层	青檀	*Pteroceltis tatarinowii*	28	4.00	46.3
	荆条	*Vitex negundo* var. *heterophylla*	33	1.70	13.8
	小叶鼠李	*Rhamnus parvifolia*	15	0.90	4.1
	乌头叶蛇葡萄	*Ampelopsis aconitifolia*	4	0.80	1.0
	黄栌	*Cotinus coggygria*	1	0.30	0.1
	毛花绣线菊	*Spiraea dasyantha*	2	0.80	0.3
	花椒	*Zanthoxylum bungeanum*	2	2.30	2.0
	冻绿	*Rhamnus utilis*	6	0.40	1.3
	栾树	*Koelreuteria paniculata*	2	0.40	0.4
	葎叶蛇葡萄	*Ampelopsis humulifolia*	1	0.50	0.3
	多花胡枝子	*Lespedeza floribunda*	8	0.30	1.5
	蒙桑	*Morus mongolica*	1	0.20	0.1
	少脉雀梅藤	*Sageretia paucicostata*	3	1.60	1.3

群落层次	物种	拉丁名	株丛数/株（丛）	平均高度/m	分盖度/%
灌木层	南口锦鸡儿	*Caragana zahlbruckneri*	2	1.90	2.0
	构树	*Broussonetia papyrifera*	2	4.00	3.8
	雀儿舌头	*Leptopus chinenais*	2	0.40	0.5
	酸枣	*Ziziphus jujuba* var. *spinosa*	1	0.30	0.1
草本层	大叶铁线莲	*Clematis heracleifolia*	5	0.35	30.0
	玉竹	*Polygonatum odoratum*	2	0.20	2.0
	丛生隐子草	*Cleistogenes caespitosa*	2	0.45	15.0
	茜草	*Rubia cordifolia*	1	0.62	1.0
	三褶脉紫菀	*Aster trinervius* subsp. *ageratoides*	1	0.18	1.0
	太行铁线莲	*Clematis kirilowii*	1	0.52	2.0
	圆叶牵牛	*Pharbitis purpurea*	1	0.04	0.2

地点：北京市房山区；海拔：456 m；坡向：西南坡；坡度：3°；群落盖度：75%；灌木层样方面积：10 m×10 m；草本层样方面积：1 m×1 m。

鹅耳枥（*Carpinus turczaninowii*）灌丛

鹅耳枥为乔木，但在太行山片区由于人为破坏以及水分条件较差，多呈灌木状。鹅耳枥稍耐荫，多生于阴坡和半阴坡，阳坡也有分布但一般生长不良。鹅耳枥灌丛在太行山地区主要分布在房山至涞源一带海拔1 000 m以下的阴坡，在燕山地区则分布在兴隆、密云、怀柔等区县海拔400~800 m的地区。鹅耳枥喜中性土壤，土壤类型主要为淋溶褐土或山地棕壤。

鹅耳枥灌丛的灌木层常以鹅耳枥为绝对优势种，高为2~4 m，盖度可达80%~90%，灌木层伴生种较多的有山桃、小花溲疏、钩齿溲疏、土庄绣线菊、少脉雀梅藤、多花胡枝子、大叶白蜡、华北绣线菊等，草本层为大披针薹草、北京堇菜（*Viola pekinensis*）、黄精、苍术、舞鹤草、风毛菊、多歧沙参（*Adenophora wawreana*）、大叶铁线莲（*Clematis heracleifolia*）等（表2-49）。

表2-49　鹅耳枥灌丛群落样方调查记录

群落层次	物种	株丛数/株（丛）	平均基径/cm	分盖度/%	平均高度/m
灌木层	鹅耳枥	10	1.8	55.0	2.40
	山桃	1	2.1	4.0	2.60
	小花溲疏	1	1.3	1.5	1.60
	钩齿溲疏	1	1.6	6.6	2.00
	土庄绣线菊	1	0.6	0.1	1.00
	多花胡枝子	10	0.1	0.4	0.40
	大叶白蜡	1	1.1	1.6	3.00
	华北绣线菊	7	1.5	5.6	0.90

群落层次	物种	株丛数/株（丛）	平均基径/cm	分盖度/%	平均高度/m
	大披针薹草	3		20.0	0.07
	北京堇菜	1		0.5	0.05
	黄精	1		0.2	0.13
草本层	苍术	1		0.5	0.12
	舞鹤草	1		0.1	0.05
	风毛菊	1		0.5	0.15
	多歧沙参	1		0.3	0.30
	大叶铁线莲	1		0.2	0.20

地点：北京市密云区；海拔：690m；坡向：西坡；坡度：23°；群落盖度：85%；灌木层样方面积：5 m×5 m；草本层样方面积：1 m×1 m。

鹅耳枥木材红褐色或黄褐色，坚硬而脆，可做家具、农具以及作为薪材使用，同时也具有良好的水土保持作用。

2.2.2.2　常绿革叶灌丛

照山白（*Rhododendron micranthum*）灌丛

研究区半常绿灌丛只有照山白一个群系类型。照山白适应性较强，生态幅较大，能在贫瘠的土壤上生长。照山白在研究区广泛分布，但以照山白为建群种的群落较少，主要分布在蔚县小五台地区海拔 1 000～1 900 m 的山地阴坡，百花山、驼梁山等地也有少量分布。群落土壤主要为褐土，偶见棕壤。

照山白灌丛高度为 1～2 m，群落总盖度一般为 40%～65%，最高可达 85%～90%，群落中常伴生蒙古栎幼苗，此外主要伴生种还有三裂绣线菊、毛花绣线菊、小叶白蜡、蚂蚱腿子、虎榛子、六道木、山杏、小叶鼠李、硕桦等。草本层一般不发达，高度为 10～30 cm，盖度 20%左右。主要物种有地榆、拉拉藤、铁杆蒿、三褶脉紫菀、穿龙薯蓣、小红菊、苍术、玉竹等（表 2-50）。

照山白花乳白色，在初夏时竞相开放，景观壮美，极具观赏性。

表 2-50　照山白灌丛群落样方调查记录

群落层次	物种	拉丁名	株丛数/株（丛）	平均高度/m	分盖度/%
	照山白	*Rhododendron micranthum*	21	1.4	18.5
	三裂绣线菊	*Spiraea trilobata*	14	0.8	1.5
	蚂蚱腿子	*Myripnois dioica*	3	0.6	0.3
灌木层	虎榛子	*Ostryopsis davidiana*	26	0.6	2.0
	六道木	*Abelia biflora*	7	0.2	2.5
	山杏	*Armeniaca sibirica*	2	0.3	1.0
	硕桦	*Betula costata*	24	0.4	1.3

群落层次	物种	拉丁名	株丛数/株（丛）	平均高度/m	分盖度/%
草本层	大披针薹草	*Carex lanceolata*	16	0.1	15.0
	三褶脉紫菀	*Aster trinervius* subsp. *ageratoides*	1	0.2	1.0
	穿龙薯蓣	*Dioscorea nipponica*	2	0.3	3.0
	小红菊	*Chrysanthemum chanetii*	6	0.3	4.0
	苍术	*Atractylodes lancea*	3	0.1	2.0
	玉竹	*Polygonatum odoratum*	4	0.1	2.0

地点：河北省蔚县；海拔：1 148 m；坡向：西南坡；坡度：25°；群落盖度：50%；灌木层样方面积：5 m×5 m；草本层样方面积：1 m×1 m。

2.2.3 草原

草原是在半湿润-半干旱气候条件下发育起来的，是由旱生多年生草本植物组成的一种植被类型。研究区草原主要分布在张家口地区海拔 1 000～1 500 m 的开阔高平原、山间盆地及丘陵地区，主要由多年生丛生禾草、根茎禾草及薹草、杂类草等组成。研究区草原分为丛生草类草原、根茎草类草原、半灌木与小半灌木草原 3 种植被型，共 5 个群系类型。

丛生草类草原有大针茅（*Stipa grandis*）草原、长芒草（*S. bungeana*）草原。根茎草类草原为羊草（*Leymus chinensis*）草原。半灌木与小半灌木草原有铁杆蒿草原、华北米蒿（*Artemisia giraldii*）草原。长芒草是一种较喜暖的旱生植物，在本区分布面积不大。长芒草草原盖度通常为 50%～70%，建群种分盖度为 20%～50%，伴生种有糙隐子草（*Cleistogenes squarrosa*）、短花针茅（*Stipa breviflora*）、兴安胡枝子（*Lespedeza davurica*）、铁杆蒿、阿尔泰狗娃花（*Heteropappus altaicus*）、糙叶黄芪（*Astragalus scaberrimus*）、狭叶米口袋（*Gueldenstaedtia stenophylla*）、糙叶败酱（*Patrinia scabra*）等。羊草草原盖度常为 30%～60%，主要伴生有克氏针茅（*Stipa krylovii*）、糙隐子草、柴胡（*Bupleurum* spp.）、线叶菊（*Filifolium sibiricum*）、华北岩黄芪（*Hedysarum gmelinii*）、蓬子菜（*Galium verum*）、野火球（*Trifolium lupinaster*）、兴安胡枝子等。铁杆蒿草原群落盖度为 45%～65%，铁杆蒿分盖度可达 30%～50%，草本层高度为 30～50 cm，其他优势物种有华北米蒿、长芒草、白羊草，主要伴生物种有兴安胡枝子、冷蒿（*Artemisia frigida*）、祁州漏芦（*Rhaponticum uniflorum*）、防风（*Saposhnikovia divaricata*）、远志、蓝花棘豆（*Oxytropis coerulea*）、野古草、隐子草等。

2.2.3.1 丛生草类草原

丛生草类典型草原

大针茅（*Stipa grandis*）草原

大针茅是典型草原最主要的建群种之一，其分布中心为蒙古高原，向南也进入冀西北高原，在本研究区也有零星分布，主要分布在小五台山南麓、蔚县西南部，海拔 1 000～2 000 m 地势相对平缓的干旱山坡或丘陵，在百花山地区海拔 1 000 m 左右的山顶也有少量分布。土壤为壤质或沙壤质栗钙土。

大针茅草原主要伴生种有羊草、羽茅、知母、早熟禾、北柴胡、兴安胡枝子、大披针薹草、铁杆蒿、拉拉藤、沙参、小红菊、南牡蒿等（表 2-51）。

表 2-51　大针茅草原群落样方调查记录

物种名	拉丁名	株丛数/株（丛）	平均高度/m	分盖度/%
大针茅	*Stipa grandis*	13	0.42	15.0
铁杆蒿	*Artemisia sacrorum*	2	0.12	4.0
北柴胡	*Bupleurum chinense*	3	0.14	1.0
拉拉藤	*Galium aparine* var. *echinospermum*	16	0.06	10.0
小红菊	*Dendranthema chanetii*	2	0.06	1.0
兴安胡枝子	*Lespedeza daurica*	1	0.16	1.0
尖叶铁扫帚	*Lespedeza juncea*	1	0.10	0.2
费菜	*Sedum aizoon*	2	0.08	2.0
漏芦	*Stemmacantha uniflora*	1	0.08	0.2
苍术	*Atractylodes lancea*	2	0.10	2.0
羊草	*Leymus chinensis*	5	0.22	1.0
抱茎苦荬菜	*Crepidiastrum sonchifolium*	1	0.13	0.3
黄芩	*Scutellaria baicalensis*	1	0.21	0.5
山丹	*Lilium pumilum*	1	0.11	0.2
细叶薹草	*Carex duriuscula*	2	0.04	0.2
远志	*Polygala tenuifolia*	1	0.08	0.3
丛生隐子草	*Cleistogenes caespitosa*	2	0.08	0.1
西伯利亚羽茅	*Achnatherum sibiricum*	6	0.21	2.0
茜草	*Rubia cordifolia*	1	0.13	0.5

地点：北京市门头沟区；海拔：1 079 m；坡向：东坡；坡度：2°；群落盖度：35%；样方面积：1 m×1 m。

长芒草（*Stipa bungeana*）草原

长芒草又称本氏针茅，原生的长芒草草原已经不多见，现存主要为多年撂荒地或放牧坡地上的次生群落。长芒草为喜暖的旱生植物，在我国主要分布于黄河流域，冀西北地区的山间盆地是长芒草分布的最东缘。在本研究区西北也有零星分布。土壤为淡栗钙土或黄绵土。

长芒草草原中常伴生一些小半灌木，主要为兴安胡枝子，其次有冷蒿、铁杆蒿等，主要草本植物有禾本科的糙隐子草（*Cleistogenes squarrosa*）、冰草，菊科的阿尔泰狗娃花、茵陈蒿；豆科的糙叶黄芪、草木樨状黄芪、狭叶米口袋（*Gueldenstaedtia stenophylla*），以及蔷薇科的委陵菜属的几个种。

长芒草是一种较好的牧草，与其伴生的兴安胡枝子也是优良牧草。此外，长芒草多生长在水土流失比较严重的地区，因此也具有一定的水土保持价值。

2.2.3.2　根茎草类草原

羊草（*Leymus chinensis*）草原

羊草草原是欧亚大陆草原区东部的特有群系，也是我国经济利用价值最高的草原类型。在研究区内仅有涿鹿县大堡镇和蔚县南杨庄乡与下宫村乡有少量分布。土壤主要是草甸栗钙土。

羊草一般为单优建群种，有时也与大针茅共同构成群落的优势种。群落盖度一般为30%～50%，高度为30～55 cm。常见种有糙隐子草、知母、兴安胡枝子、远志、铁杆蒿、射干鸢尾、山葱、细叶葱、火绒草、祁州漏芦、糙叶黄芪、米口袋、二裂委陵菜、翠雀、叉分蓼、达乌里芯芭（*Cymbaria dahurica*）等（表2-52）。

表 2-52　羊草+大针茅草原群落样方调查记录

物种名	拉丁名	株丛数/株（丛）	平均高度/m	分盖度/%
羊草	*Leymus chinensis*	109	0.27	10.0
大针茅	*Stipa grandis*	7	0.12	4.0
大披针薹草	*Carex lanceolata*	16	0.07	5.0
葱属	*Allium* sp.	3	0.25	0.6
北京隐子草	*Cleistogenes hancei*	3	0.11	6.0
知母	*Anemarrhena asphodeloides*	2	0.15	2.0
草麻黄	*Ephedra sinica*	3	0.23	2.0
糙叶黄芪	*Astragalus scaberrimus*	17	0.04	6.0
桃叶鸦葱	*Scorzonera sinensis*	3	0.20	2.0

物种名	拉丁名	株丛数/株（丛）	平均高度/m	分盖度/%
远志	*Polygala tenuifolia*	8	0.15	0.2
麻花头	*Serratula centauroides*	1	0.37	1.5
蒲公英	*Taraxacum* sp.	2	0.02	0.3
兴安胡枝子	*Lespedeza daurica*	2	0.14	1.0
阿尔泰狗娃花	*Heteropappus altaicus*	1	0.05	0.3

地点：河北省涿鹿县；海拔：1 181 m；坡向：西坡；坡度：0.5°；群落盖度：45%；样方面积：1 m×1 m。

2.2.3.3　半灌木与小半灌木草原

半灌木与小半灌木典型草原

铁杆蒿（*Artemisia sacrorum*）草原

铁杆蒿为半灌木，抗旱性强并有一定的耐荫性。铁杆蒿草原主要分布在赤城—宣化—涿鹿—蔚县—保定一带，海拔 500～2 500 m 处的平缓丘陵或山地阳坡，尤其在蔚县—涞源"空中草原"一带有大量分布。在北京市山地也有少量分布。铁杆蒿草原有时作为弃耕地的演替先锋群落出现。土壤为淡栗钙土或栗钙土。

铁杆蒿草原多为单优群落，有时也与华北米蒿共同构成群落优势种。群落盖度一般为 45%～65%，高度为 30～50 cm，主要伴生种有白羊草、兴安胡枝子、大针茅、羊草、野青茅、华北蓝盆花、地榆、扁蓿豆、隐子草、远志、黄芩、岩青蓝等。群落内有时也伴生一些灌木，主要为三裂绣线菊（表 2-53）。

表 2-53　铁杆蒿草原群落样方调查记录

群落层次	物种	拉丁名	株丛数/株（丛）	分盖度/%	平均高度/m
草本层	铁杆蒿	*Artemisia sacrorum*	2	55.0	0.52
	垫状卷柏	*Selaginella pulvinata*	1	0.1	0.03
	糙隐子草	*Cleistogenes squarrosa*	2	0.2	0.05
	地梢瓜	*Cynanchum thesioides*	1	0.1	0.07
	丛生隐子草	*Cleistogenes caespitosa*	1	0.5	0.11
	苦荬菜	*Ixeris polycephala*	1	0.1	0.11
	针茅	*Stipa* sp.	4	4.0	0.12
	尖叶铁扫帚	*Lespedeza juncea*	11	5.0	0.18
	远志	*Polygala tenuifolia*	1	0.1	0.18
	委陵菜	*Potentilla chinensis*	7	3.0	0.22
	野古草	*Arundinella hirta*	2	1.0	0.27
	阿尔泰狗娃花	*Heteropappus altaicus*	1	0.1	0.43

地点：河北省张家口市赤城县程正沟村；海拔：965 m；坡向：西南坡；坡度：13°；群落盖度：65%；样方面积：1 m×1 m。

华北米蒿（*Artemisia giraldii*）草原

华北米蒿草原是我国落叶阔叶林区遭受森林破坏后的次生类型之一，仅在海拔1 000～1 900 m的山地阳坡有零星分布。华北米蒿草原群落盖度一般为30%～50%，高度为20～60cm，常分两个层次，上层由华北米蒿和铁杆蒿组成，下层则为其他草本植物。群落主要伴生种有铁杆蒿、白羊草、本氏针茅、火绒草、麻花头、委陵菜、远志、硬质早熟禾、兴安胡枝子等（表2-54）。

铁杆蒿草原和华北米蒿草原是早春和冬季重要的放牧场，是重要饲料来源之一。

表2-54　华北米蒿草原群落样方调查记录

物种名称	拉丁名	株丛数/株（丛）	分盖度/%	平均高度/m
华北米蒿	*Artemisia giraldii*	2	36.67	0.60
菊叶委陵菜	*Potentilla tanacetifolia*	2	1.05	0.10
漏芦	*Stemmacantha uniflora*	1	5.00	0.10
猪毛菜	*Salsola collina*	28	1.25	0.13
北柴胡	*Bupleurum chinense*	1	0.50	0.15
大披针薹草	*Carex lanceolata*	17	5.00	0.18
尖叶铁扫帚	*Lespedeza juncea*	2	1.00	0.20
胡枝子	*Lespedeza bicolor*	10	3.50	0.23
隐子草	*Cleistogenes* sp.	11	4.00	0.23
山丹	*Lilium pumilum*	1	1.00	0.25
铁杆蒿	*Artemisia sacrorum*	1	2.00	0.40
西伯利亚羽茅	*Achnatherum sibiricum*	1	5.00	0.40
早熟禾	*Poa annua*	1	1.00	0.40
徐长卿	*Cynanchum paniculatum*	1	2.00	0.90

地点：河北省承德市丰宁满族自治县；海拔：966 m；坡向：北坡；坡度：10°；群落盖度：45%；样方面积：1 m×1 m。

2.2.4　草甸与草丛

研究区的草甸与草丛包括丛生草类草甸、根茎草类草甸、杂类草草甸、草丛4个植被型，共16个群系类型。

草甸生长条件通常中度湿润，主要分布在高原河漫滩及亚高山地区，其中亚高山草甸仅分布在小五台山、海陀山、东灵山及雾灵山的山巅，此外在拒马河、桑干河沿岸以及一些水库附近还有一些盐生草甸和沼泽化草甸。丛生草类草甸有薹草（*Carex* spp.）草甸、早熟禾（*Poa* spp.）典型草甸等。根茎草类草甸有野青茅（*Deyeuxia arundinacea*）草甸、嵩草（*Kobresia bellardii*）+薹草（*Carex* spp.）草甸、大披针薹草+地榆草甸、长芒稗（*Echinochloa caudata*）草甸、大叶章（*Deyeuxia purpurea*）草甸。杂类草草甸有龙牙草（*Agrimonia pilosa*）草甸、地榆草甸、拳蓼（*Polygonum bistorta*）草甸、辽藁本（*Ligusticum jeholense*）+地榆杂类草草甸、地榆+金莲花（*Trollius chinensis*）杂类草草甸及苍耳（*Xanthium sibiricum*）杂类草草甸。山地及亚高山草甸多由中生植物组成，物种丰富，群落盖度为 60%～90%，常见植物有薹草属、早熟禾属、羊茅属（*Festuca*）、棘豆属（*Oxytropis*）、委陵菜属、蓼属（*Polygonum*）、柴胡属（*Bupleurum*）种类以及地榆、石竹（*Dianthus* spp.）等。长芒稗草甸与苍耳杂类草草甸多生于河漫滩，建群种占据绝对优势，群落结构简单，盖度常常可达 100%。

草丛往往出现在林地或灌丛被反复砍伐后、水土流失严重且土壤贫瘠的地区，主要分布在海拔较低、土壤较薄的低山丘陵地区。草丛分为白羊草草丛、大油芒草丛、黄背草草丛 3 种。白羊草草丛盖度为 40%～75%，高度为 40～80 cm，主要物种为胡枝子、铁杆蒿、隐子草、华北米蒿（*Artemisia giraldii*）、风毛菊（*Saussurea* spp.）。黄背草草丛盖度为 50%～90%，建群种黄背草占据绝对优势，高度为 40～100 cm，其他伴生植物有白羊草、铁杆蒿、隐子草、委陵菜、薹草、野古草等。

2.2.4.1　丛生草类草甸

薹草（*Carex* spp.）草甸

薹草草甸是研究区分布较为广泛的草甸类型，主要分布于小五台山、松山、大海陀、雾灵山等地海拔 1 700 m 以上的平缓顶部和山坡。土壤为亚高山草甸土或山地草甸土。

薹草草甸的建群种以薹草属植物为主，主要有大披针薹草、细柄薹草（*C. pediformis*）、点叶薹草（*C. hancockiana*）等。薹草也常与地榆、珠芽蓼（*Polygonum viviparum*）、拳蓼等分别组成群落建群种。群落高度为 20～50 cm，盖度可达 80%～100%。群落伴生种较多，以禾草居多，并有多种双子叶植物，数量较多的有拳蓼、地榆、蓝花棘豆、硬质早熟禾、蓬子菜、小红菊、瓣蕊唐松草、野青茅、羊茅、胭脂花、紫苞风毛菊、大头风毛菊、火绒草、翠雀、穗花马先蒿（*Pedicularis spicata*）、歪头菜、珠芽蓼、多种委陵菜、东方草莓（*Fragaria orientalis*）、二叶舞鹤草（*Maianthemum bifolium*）、猪殃殃（*Galium aparine* var. *tenerum*）等。

2.2.4.2　根茎草类草甸

野青茅（*Deyeuxia* spp.）草甸

野青茅草甸建群种包括野青茅（*Deyeuxia arundinacea*）和大叶章（*Deyeuxia purpurea*）两类，主要分布于小五台山，在喇叭沟门满族乡、雾灵山、东灵山等地也有分布。野青茅草甸多分布于海拔 1 300～2 300 m 的阴坡、半阴坡的砍伐迹地上，常与华北落叶松或白桦林等形成交错的斑块分布，群落中也可见萌生的白桦、黑桦幼苗。群落内物种组成比较丰富，盖度可达 100%。主要伴生种有地榆、龙牙草、肥披碱草（*Elymus excelsus*）、小红菊、辽藁本、秦艽、蓝花棘豆、北柴胡、直立黄芪、扁蓿豆、火绒草、岩青蓝、瓣蕊唐松草、拳蓼、石竹、鼠掌老鹳草、并头黄芩、小红菊、早熟禾、蕨麻等。

嵩草（*Kobresia bellardii*）+薹草（*Carex* spp.）草甸

嵩草+薹草草甸仅分布在小五台山海拔 2 500 m 以上的山顶，为研究区仅有的亚高山高寒草甸类型。由于分布区气候较冷加之风大，群落一般较为矮小，土壤为亚高山草甸土。群落以嵩草和薹草为优势种，群落高度一般为 4～20cm，盖度为 50%～60%。主要伴生种有羊茅、珠芽蓼、早熟禾、卷耳、瞿麦、紫苞风毛菊、岩青兰等。根据生境的不同可细分为 4 个不同的群丛，即分布于阴坡的嵩草+湿地岩黄芪群丛，主要分布于阳坡的嵩草+华北蓝盆花群丛，以及处于过渡生境的嵩草+雪白委陵菜+湿地岩黄芪群丛和放牧扰动影响显著的嵩草+珠芽蓼+细叶薹草（*Carex duriuscula*）群丛。

嵩草+薹草草甸耐牧性好，优良牧草占比可达 40%～65%，是优质的天然牧场。

2.2.4.3　杂类草典型草甸

杂类草典型草甸是主要以地榆、拳蓼、蓝花棘豆、小红菊、风毛菊等单独或共同作为优势种的群落，常没有明显的建群种，多为森林或中生灌丛遭到人为破坏后形成的次生群落类型，常见于林缘、林间空地及居民点附近的山坡中下部。

龙牙草（*Agrimonia pilosa*）草甸

龙牙草草甸主要分布于东灵山和小五台山一带海拔 1 700～2 200 m 的山地阴坡。龙牙草草甸群落高度可达 70～130 cm，盖度一般为 70%～85%。主要物种有地榆、京芒草、鹤虱、委陵菜属、车前、老鹳草、堇菜、龙牙草、薹草、牡蒿、铁杆蒿、黄芩、败酱、扁蓿豆、华北蓝盆花、旱麦瓶草、火绒草等。

地榆（*Sanguisorba officinalis*）草甸

地榆草甸在雾灵山、大海陀、小五台山等地较为常见，主要分布在海拔 1 800～2 200m 的山坡和宽谷。地榆常与矮紫苞鸢尾（*Iris ruthenica* var. *nana*）、大披针薹草、蓝花棘豆、金莲花、辽藁本等共同构成群落优势种。群落种类丰富，1 m×1 m 的样方内，植物可达 30 余种。群落以地榆、蓝花棘豆、风毛菊数量为多，建群作用明显。常见植物有拳蓼、北黄花菜、小红菊、薹草、华北蓝盆花、紫花野菊、火绒草、蓬子菜、银莲花、珠芽蓼、委陵菜、裂叶蒿等。地榆草甸为优良的放牧场。

拳蓼（*Polygonum bistorta*）草甸

拳蓼草甸在东灵山、小五台山、驼梁等地的山顶均有分布，群落分层比较明显，上层为拳蓼，高为 0.5～0.9 m，下层由多种薹草和杂类草组成，主要物种有地榆、大披针薹草、龙牙草、北京堇菜、老鹳草、委陵菜、鹤虱、京芒草、地榆、猪毛菜、赖草、铁杆蒿、棉团铁线莲、北柴胡、野豌豆、瓣蕊唐松草、沙参、苦荬菜、华北蓝盆花、扁蓿豆、败酱、黄芩等，群落盖度可达 85%以上。

杂类草甸

杂类草甸主要分布在雾灵山、大海陀、百花山、小五台山、驼梁等地。群落常可分为 2～3 层，最上层为拳蓼、珠芽蓼等，高可达 1.3～15 m，中间层多为地榆、金莲花、黄花菜、唐松草等，最下层有小红菊、薹草、华北蓝盆花、歪头菜、老鹳草、火绒草、蓬子菜、银莲花、珠芽蓼、委陵菜等。

杂类草甸是优良的放牧场，但在蔚县小五台山地区也常形成退化草场，群落低矮、优势物种有向薹草、铁杆蒿等转化的趋势；此外，"五花草甸"多被开发为旅游景点，游客的踩踏和采摘经常给以金莲花为代表的物种造成极大的破坏。

2.2.4.4　草丛

草丛是原生的森林或灌丛被反复破坏，导致水土流失、乔灌木无法生存，从而形成相对稳定的以草本植物为建群种的草本植被类型。本区域共有 3 种草丛植被，即白羊草草丛、大油芒草丛和黄背草草丛，其中白羊草草丛分布最广泛，面积也最大，占区域草丛总面积的 95%以上。白羊草草丛多见于比较干旱的、水土流失严重的土壤上，水分条件稍好的地方则有黄背草草丛分布，在这些草本群落中往往伴生荆条和酸枣等灌木。草丛往往已经是逆行演替的最后阶段，如再进一步遭受破坏则可能变为次生裸地。

白羊草（*Bothriochloa ischaemum*）草丛

白羊草草丛主要分布在蔚县、涞源、涿鹿、宣化 600～1 300 m 的丘陵阳坡、半阳坡的开敞地段，最低可分布到海拔 100 m 左右的地区。在易县和赤城县也有分布。白羊草喜欢光热条件较好，以及较干旱的生境，一般不耐寒冷。土壤主要为褐土，较干燥、瘠薄，多有侵蚀和淋溶现象。

白羊草草丛结构简单，群落高度为 30～70 cm，群落盖度为 20%～85%，群落中主要伴生种有黄背草、荩草、雀麦、铁杆蒿、中华隐子草（*Cletstogenes chinensts*）、鹅观草、丛生隐子草（*Cleistogenes caespitosa*）等（表 2-55）。白羊草还常与荆条共同组成荆条+白羊草的灌草丛。

表 2-55　白羊草草丛群落样方调查记录

物种	拉丁名	株丛数/株（丛）	分盖度/%	平均高度/m
白羊草	*Bothriochloa ischaemum*	11	18.0	0.78
铁杆蒿	*Artemisia sacrorum*	2	4.0	0.70
丛生隐子草	*Cleistogenes caespitosa*	13	8.0	0.32
长萼鸡眼草	*Kummerowia stipulacea*	2	0.5	0.15
华北米蒿	*Artemisia giraldii*	4	2.0	0.68

地点：河北省张家口市赤城县东卯镇；海拔：631 m；坡向：南坡；坡度：20°；群落盖度：25%；样方面积：1 m×1 m。

白羊草草丛适于放牧，也可做割草场，同时白羊草根系发达具有较好的水土保持作用，加以保护和封禁可恢复至灌丛甚至落叶阔叶林。

大油芒（*Spodiopogon sibiricus*）草丛

大油芒草丛的分布范围和面积都较小，主要出现在干扰较严重、水分条件稍好的村落或弃耕地附近。群落高度为 0.7～0.9 m，盖度可达 95%以上，其中大油芒占绝对优势。群落内物种相对丰富，主要伴生种有龙牙草、艾蒿、南牡蒿、石竹、广布野豌豆、鸦葱、鬼针草、蛇莓、唐松草、硬质早熟禾、臭草、刺儿菜、狼尾花、葎草、黄背草等。

黄背草（*Themeda triandra*）草丛

黄背草草丛是中生偏旱类型的草丛，分布范围广泛，但一般面积不大，多见于海拔较低的丘陵地和低山坡地。在涞源县和蔚县海拔 800～1 200 m 处有较多分布，在北京山区也有零星分布，黄背草草丛分布地土层较薄，土壤类型为褐土。

黄背草草丛群落组成、结构差别较大，群落内常出现铁杆蒿、白羊草和野古草。在阴坡土壤水分稍好的地方，植被发育良好，盖度可达 80%；在阳坡，土壤的水分条件稍差，植被稀疏，盖度仅为 40%左右。主要伴生种有白羊草、菭草、地榆、白头翁、委陵菜、裂叶堇菜、石沙参、火绒草、华北蓝盆花、北柴胡、桃叶鸦葱、抱茎苦荬菜、阿尔泰狗娃花、兴安胡枝子、大丁草、毛白花前胡、隐子草等（表 2-56）。

表 2-56　黄背草草丛群落样方调查记录

物种名	拉丁名	株丛数/株（丛）	平均高度/m	盖度/%
黄背草	*Themeda triandra*	9	1.46	6.00
薹草	*Carex* sp.	7	0.11	20.00
大针茅	*Stipa grandis*	3	0.53	8.00
铁杆蒿	*Artemisia sacrorum*	4	0.24	15.00
丛生隐子草	*Cleistogenes caespitosa*	3	0.46	0.20
白羊草	*Bothriochloa ischaemum*	6	0.43	4.00
毛白花前胡	*Peucedanum praeruptorum* subsp. *hirsutiusculum*	1	0.22	1.00
败酱	*Patrinia scabiosaefolia*	5	0.41	1.00
多花胡枝子	*Lespedeza floribunda*	5	0.22	3.00
大丁草	*Gerbera anandria*	3	0.09	2.00
火绒草	*Leontopodium leontopodioides*	2	0.21	0.40
轮叶委陵菜	*Potentilla verticillaris*	2	0.13	1.00
蒲公英	*Taraxacum mongolicum*	2	0.04	0.20
桃叶鸦葱	*Scorzonera sinensis*	2	0.61	0.40
华北米蒿	*Artemisia giraldii*	2	0.42	0.30
委陵菜	*Potentilla chinensis*	2	0.11	1.00
阿尔泰狗娃花	*Heteropappus altaicus*	4	0.12	8.00

地点：河北省涞源县；海拔：1 023 m；坡向：西坡；坡度：5°；群落盖度：65%；样方面积：1 m×1 m。

2.2.5 沼泽与水生植被

研究区的沼泽与水生植被主要围绕河流、水库、湿地形成,包括草本沼泽、水生植被等共8个群系类型。草本沼泽有头状穗莎草(*Cyperus glomeratus*)沼泽、扁秆藨草(*Scirpus planiculmis*)沼泽、芦苇(*Phragmites australis*)沼泽、香蒲(*Typha orientalis*)沼泽、千屈菜(*Lythrum salicaria*)沼泽、黑三棱(*Sparganium stoloniferum*)沼泽、酸膜叶蓼(*Polygonum lapathifolium*)沼泽,水生植被有莲(*Nelumbo nucifera*)群落。草本沼泽中芦苇沼泽在研究区分布面积最大,通常处于水深 1 m 以下的区域,群落中芦苇高度可达 3 m,盖度可达 90%以上。水生植被莲群落由人工栽培而成,主要用于观赏,通常生于 0.5~1 m 深的水体,盖度可达 95%以上。

2.2.5.1 草本沼泽

1. 莎草沼泽

头状穗莎草(*Cyperus glomeratus*)沼泽

头状穗莎草沼泽主要分布在密云水库、野鸭湖、金牛湖等湿地浅滩处。群落中头状穗莎草的盖度达 50%以上,群落总盖度为 85%。主要伴生物种有白鳞莎草(*Cyperus nipponicus*)、旋鳞莎草(*Cyperus michelianus*)、沼生蔊菜(*Rorippa palustris*)、薄荷、地笋等。

扁秆藨草(*Scirpus planiculmis*)沼泽

扁秆藨草主要分布于永定河、拒马河、野鸭湖等河湖水流较浅处。群落高度为 0.8~1 m,总盖度为 85%左右,其中扁秆藨草盖度达 70%以上。主要伴生物种有鬼针草(*Bidens pilosa*)、豆瓣菜(*Nasturtium officinale*)、苍耳、薄荷、虉草(*Phalaris arundinacea*)、头状穗莎草、酸膜叶蓼、水棘针,有时伴生芦苇和香蒲等(表 2-57)。

表 2-57 扁秆藨草沼泽群落样方调查记录

物种名	拉丁名	株丛数/株(丛)	盖度/%	平均高度/m
扁秆藨草	*Scirpus planiculmis*	53	60	0.90
苍耳	*Xanthium sibiricum*	6	2	0.10
鬼针草	*Bidens pilosa*	30	5	0.05
薄荷	*Mentha canadensis*	3	2	0.05
虉草	*Phalaris arundinacea*	2	10	1.50

地点:北京市房山区;海拔:199 m;群落盖度:75%;样方面积:1 m×1 m。

2. 禾草沼泽

芦苇（*Phragmites australis*）沼泽

芦苇沼泽是研究区分布最广泛的湿地群系类型，广泛分布于河流、水库、水塘的边缘地带。芦苇的生境比较多样，因此群落构成也比较复杂。一般最上层只有芦苇一种，高可达 1.5～3 m，群落总盖度一般为 80%～95%。常见共优种主要有荸荠、莎草、蓼、稗、野慈姑（*Sagittaria trifolia*）等。群落中常见物种还有香蒲、小香蒲、各种莎草、针蔺、泽泻、酸膜叶蓼、野大豆、苍耳、薄荷等。有时有沉水层，主要物种有金鱼藻、黑藻、大茨藻（*Najas marina*）等。芦苇也常独自构成群落的优势种，此时群落内几乎没有其他植物，仅有少量鬼针草、棒头草（*Polypogon fugax*）、小蓬草（*Conyza canadensis*）、苍耳、地锦（*Parthenocissus tricuspidata*）等（表 2-58）。

表 2-58　芦苇沼泽群落样方调查记录

物种名称	拉丁名	株丛数/株（丛）	分盖度/%	平均高度/m
芦苇	*Phragmites australis*	265	92.33	2.17
针蔺	*Eleocharis congesta* subsp. *japonica*	4	2.00	0.30
泽芹	*Sium suave*	1	3.00	0.70
藨草	*Scirpus triqueter*	5	1.00	0.80
风花菜	*Rorippa globosa*	1	2.00	0.90
香蒲	*Typha orientalis*	8	4.00	1.80

地点：河北省张家口市赤城县；海拔：244 m；群落盖度：98%；样方面积：1 m×1 m。

3. 杂类草沼泽

香蒲（*Typha orientalis*）沼泽

香蒲沼泽主要分布在河流沿岸及水库周边的浅水区域，水深为 0.3～1 m，水质微碱性，土壤为腐殖质沼泽土，也可以在水质较差的环境中生长。香蒲沼泽外貌比较凌乱，群落高度可达 1.5～3 m，常分为 2～3 层。主要伴生种有菖蒲、野慈姑、莎草、芦苇、蓼科植物以及莎草和灯芯草属植物等。浮水层以浮萍为主，盖度可达 100%（表 2-59）。

表 2-59　香蒲沼泽群落样方调查记录

物种名称	拉丁名	株丛数/株（丛）	分盖度/%	平均高度/m
香蒲	*Typha orientalis*	32	90	2.0
泽芹	*Sium suave*	1	2	0.4
慈姑	*Sagittaria trifolia* var. *sinensis*	1	5	0.5

地点：北京市延庆区；海拔：563 m；群落盖度：93%；样方面积：1 m×1 m。

千屈菜（*Lythrum salicaria*）沼泽

千屈菜沼泽主要见于拒马河流域，在房山区十渡附近有大量分布。千屈菜沼泽外貌整齐，以千屈菜为主，群落高度为 0.7～1 m，盖度为 60%～90%。伴生种较多，主要有水芹、水棘针、薄荷、水苦荬、酸膜叶蓼、问荆、扁秆藨草、棒头草、藨草等。

黑三棱（*Sparganium stoloniferum*）沼泽

黑三棱沼泽主要分布在怀沙河—怀九河、妫河、拒马河等地。群落以黑三棱为优势种，群落高度约为 1 m，盖度为 40%～90%。主要伴生种有扁秆藨草、泽泻、野慈姑、水蓼、野大豆、藨草、香蒲、薄荷等。

酸膜叶蓼（*Polygonum lapathifolium*）沼泽

酸膜叶蓼的分布范围比较广但往往面积较小，且较少为纯群落。酸膜叶蓼常与莎草或稗共同构成群落的优势种，群落盖度可在 75%以上。主要伴生种有求米草、灯芯草、狼把草、鸭跖草（*Commelina communis*）、薄荷、水棘针、豆瓣菜等。

2.2.5.2　水生植被

浮水植物群落

莲（*Nelumbo nucifera*）群落

莲群落多为人工种植形成的群落，主要见于怀九河以及于桥水库附近。群落结构常分两层，上层为莲，下层常为狐尾藻、金鱼藻以及眼子菜等沉水植物。

2.2.6　人工植被

人工植被分为农业植被和城市植被两个植被型组，其中农业植被按照生活型又可分为草本型的粮食作物、油料作物、菜园以及木本型的果园和苗圃共 5 个植被型。而城市植被则主要为城市绿地植被型。

2.2.6.1　农业植被

（1）草本型农业植被

粮食作物分布面积占研究区总面积的 5%，粮食作物又可细分为主粮和杂粮两类，其中主粮主要为玉米和冬小麦，杂粮则包括高粱、黍、花生、大豆、芝麻、红薯等。总体上来讲，近北京周边地区农田多种植经济作物，其他区域农田多种植玉米、冬小麦、高粱等。熟制基本以长城为界，以北为一年一熟制，以南能满足玉米、谷子、棉花等中温、喜温作物的需要，可实行一年两熟或两年三熟制。其中，张家口以一年一熟的玉米以及各种杂粮等为主，而保定和石家庄有较大面积的冬小麦+玉米地一年两熟制作物区。

油料作物以油葵为主，主要分布于北京市北部以及张家口市怀来县等地，分布面积相对较小，偶尔与主粮或杂粮作物套种。

菜园主要种植白菜、卷心菜及豆角等。研究区的蔬菜以露天种植为主，也有一些蔬菜大棚。白菜地主要分布在涞源—蔚县一带；豆角园则主要分布在张家口的涿鹿。近年来，阜平县、唐县、涞水县、易县等地食用菌生产基地发展迅速，因此也有一定面积的食用菌类大棚分布。

（2）木本型农业植被

研究区木本型农业植被以果园为主，其分布面积约占研究区总面积的 5%，其中 1/3 的植被为板栗。北京市昌平至怀柔区域以及承德市兴隆县南部至遵化市常沿谷地至山坡广泛种植板栗。平谷大规模种植桃，也有少量梨和苹果。北京西部以及张家口市的怀来县，有大面积的杏园或半自然山杏园，此外多种植葡萄、提子、苹果、枣、山楂等。太行山地区是重要的核桃和柿子产地，小五台山周围的山丘陵地，以涿鹿县和蔚县为主，是杏、山楂和核桃的重要产地。保定和石家庄多有核桃园和柿子园等。在张家口等地还有一些栽培或人工间伐的沙棘、酸枣、榛、君迁子（*Diospyros lotus*）等（半）野生植物果园。

此外，研究区还有一些木本型的经济作物区，主要为苗圃，多种植油松、侧柏、白扦、杨树、槐树、榆树、银杏等。苗圃主要分布在北京北部的昌平、顺义、密云、平谷等地，但一般面积较小。苗圃也有小面积栽培一些具有重要经济价值的植物包括桑（*Morus alba*）、漆树、花椒、文冠果、黄连木等，或直接利用野生植物，但一般面积较小且难以成林。

2.2.6.2　城市植被

研究区的城市植被主要为城市公园植被，以城市绿地和草坪等为主，主要分布在涞源县县城附近的城市（镇）公园以及一些比较大的城镇和高等级公路周边，具备观赏游憩、生态保护以及水土保持等功能。

第3章 植被的空间分布

基于第 2 章的植被分类体系，利用实地考察资料，结合遥感影像绘制了太行山生物多样性保护优先区域（京津冀地区）1：20 万植被图，并以此为基础展示和分析研究区植被的空间分布规律。

3.1 植被图

3.1.1 制图方法

本书制图方法主要是基于实地样点调查数据和多源遥感数据构建随机森林（Random Forest）模型，得到太行山生物多样性优先区域植被初步分类图。随机森林模型是一种基于决策树的集成学习算法，其计算和预测均可在 R 3.5.3 中进行。具体而言：首先，通过野外调查，记录大量的植被群落类型及其坐标位置和分布规律信息；其次，利用野外调查获得的群落类型数据，与对应的遥感影像特征结合，建立解译标志；再次，通过计算机自动提取和目视解译相结合的方法绘制 1：20 万植被图；最后，结合专家校正，提高分类精度，并对最终分类结果进行精度评价。

考虑到哨兵 2 号遥感影像特征，充分利用相关波段的光谱信息，选用遥感影像中的 4 个波段，即波段 2（蓝光波段）、波段 3（绿光波段）、波段 4（红光波段）和波段 8（近红外波段）作为光谱特征变量参与分类。同时，选取归一化植被指数（NDVI）作为指示植被生长状态和植被覆盖度的特征量，提升植被与非植被以及不同植被类型之间的区分度。另外，考虑到研究区地形多样化及气候特征的差异性，还选用了相关地形及气候因子。根据数字高程模型（DEM），可提取出多种地形因子，本书选用植被分布研究中常用的海拔、坡度、坡向、地形湿度指数（Topographic Wetness Index，TWI），气候因子则选用气温相关指标、降水、潜在蒸散量、干旱指数。最终，我们共提取出 16 项分类特征变量：Sentinel - 2 遥感影像（波段 2、3、4、8 变量参数，共 4 个），NDVI（1 月、4 月、8 月，共 3 个），地形因子（海拔、坡度、坡向、TWI，共 4 个），气候因子（年均温、月最高温度、降水、潜在蒸散量、干旱指数，共 5 个）。

根据野外实地样点调查，共得到 15 083 个样点数据，随机选取其中 70%的数据作为训练样本集，用于初步建模，另外 30%的数据作为验证样本集，用于对分类结果进行精度评价。利用混淆矩阵（Confusion Matrix）的方法对随机森林模型分类结果进行精度评价，使用 Kappa 系数和总体精度作为评价指标。初步分类结果经专家校正后，随机抽取 500 个样点进行实地考察验证，并进一步修正以提高分类精度，直到分类精度达到 90%以上。

3.1.2　植被图

随机森林模型预测结果准确率为 60.08%，Kappa 系数为 0.551 4，经专家校正并合并相邻同属性图斑后共计有图斑数 10 749 个，此后经实地抽样考查并与植被图对比验证，其准确率达 90%以上。112 种自然、半自然植被类型中可上图的植被类型共有 96 种，农业植被进一步划分为 19 个亚类，城市植被有 1 个亚类，无植被地带有 4 类（建筑、道路、裸地和水体）（植被图另行出版）。

通过 1∶20 万植被图统计结果可知：自然、半自然植被面积总共占研究区面积的 85.38%，其中灌丛、森林以及农业植被为区域所占面积最大的植被类型，分别占总面积的 47.55%、34.71%和 9.79%（表 3-1）。其中又以灌丛分布范围最广，植被类型也最为丰富。灌丛的面积占研究区总面积的 47.55%，并贡献了自然、半自然植被群系类型的 41.07%（表 3-1）。灌丛在太行山林线以下的地区广泛发育，这些灌丛基本为森林遭破坏后的次生群落。灌丛生态系统是目前区域生态系统功能最主要的"提供者"，在区域水土保持、水源涵养等方面有着不可代替的作用，同时也是未来向蒙古栎等温带森林群落恢复演替的基础。

农业植被面积占总面积的 9.79%，以粮食作物和果园为主。建筑（含道路）和裸地面积分别占总面积的 2.41%和 0.95%。裸地主要为开山采矿后留下的裸露地表，部分为自然灾害导致的山体裸露。

京津冀优先区的森林覆盖面积约为 34.71%，并呈现出"北高南低"的趋势（燕山地区大于太行山地区）。其中，最具代表性的群系为蒙古栎林，另有油松林、侧柏林等暖性常绿针叶林。这些广布的群系对本区域生态系统服务功能的维持和生物栖息地的保护起到不可代替的作用。此外，青檀（*Pteroceltis tatarinowii*）林、紫椴（*Tilia amurensis*）林、胡桃楸（*Juglans mandshurica*）林、黄檗（*Phellodendron amurense*）林等以国家重点保护物种为建群种的群系也是本区域生物多样性保护的重点。

在群系方面，荆条灌丛面积约为 5 227.48 km^2，占区域总面积的 24.11%。森林类型中分布面积居前三位的分别为蒙古栎林（2 693.51 km^2，12.42%）、油松林（1 400.69 km^2，6.46%）和侧柏林（1 029.62 km^2，4.75%）。草原、草甸和草丛所占面积较小，且多为原生植被被砍伐或开垦后的次生群落。其他群系类型面积见附录 5。

表 3-1　不同植被型组和植被型面积及所占比例

植被型组	植被型	面积/km²	比例/%
森林	落叶针叶林	381.52	1.76
	常绿针叶林	2 442.27	11.26
	针叶与阔叶混交林	332.49	1.53
	落叶阔叶林	4 368.63	20.15
	合计	7 524.91	34.71
灌丛	常绿革叶灌丛	0.66	< 0.01
	落叶阔叶灌丛	10 309.33	47.55
	合计	10 309.99	47.55
草原	丛生草类草原	103.28	0.48
	根茎草类草原	2.61	0.01
	半灌木与小半灌木草原	371.79	1.71
	合计	477.68	2.20
草甸与草丛	草丛	102.50	0.47
	根茎草类草甸	37.73	0.17
	丛生草类草甸	11.94	0.06
	杂类草草甸	18.36	0.08
	合计	170.53	0.79
沼泽与水生植被	草本沼泽	20.16	0.09
	水生植被	8.82	0.04
	合计	28.98	0.13
农业植被	果园	1029.40	4.75
	粮食作物	1 053.43	4.86
	菜园	24.98	0.12
	其他经济作物	15.44	0.07
	合计	2 123.25	9.79
城市植被	城市公园植被	0.57	< 0.01
无植被地带	建筑（含道路）	521.71	2.41
	裸地	206.51	0.95
	水体	317.86	1.47
	合计	1 046.08	4.82
合计	—	21 681.99	100.00

3.2　植被的水平分布规律

植被的水平地带性分布主要是经度或纬度变化引起的水热条件组合的不同，最终形成了不同的植被地带分布。研究区南北和东西跨度都在 340 km 左右,且没有大的山体阻隔(研究区涉及的燕山和太行山地区都位于迎风坡),因此植被的水平分布规律不甚明显。

整个研究区呈东北—西南走向,南北相差约 2.5 个纬度,热量由北向南逐渐递增,而降雨量则由东向西递减。燕山山地气候相对冷湿,而太行山则更加暖干。从南到北具有代表性的森林植被类型依次为油松+刺槐林、蒙古栎林和落叶松+白桦林,灌丛的分布则是南部和东部以荆条灌丛为主,西北和北部则多为稍耐寒以及对水分条件要求更高的山杏或山杏+荆条灌丛。由于干旱程度和干扰程度的不同,研究区南部以涞源县为中心的区域草本植物群落主要为白羊草草丛,小五台山南麓和东侧水分条件最好,主要分布着各类草甸,而研究区西北部,位于东灵山—小五台山以西的地区最为干旱,分布着研究区主要的草原。

3.3 植被的垂直分布规律

植被分布因受山体海拔、坡向、土壤质地等自然因素的影响,尤其是海拔高度所引起的水、热条件变化,植被从山体的基带向上有规律的分布,称为植被分布的垂直带谱。

研究区自然分布的地带性垂直带谱主要有 4 个,海拔自低向高分别为温性落叶阔叶灌丛带、温性落叶阔叶林带、寒温性针叶林带和亚高山草甸带,其中落叶阔叶林为研究区的地带性分布植被。但由于人为破坏,低海拔地区的阔叶林基本已经消失,现存植被以落叶阔叶灌丛为主,其中又以荆条灌丛分布最广泛,在水分条件较好的地区和山地阴坡则有大面积的山杏、三裂绣线菊、鹅耳枥等灌丛分布。主要的森林类型为人工营建的暖温性针叶林(油松林和侧柏林)。地势较平整和靠近村庄的地区则广泛开垦为农田或果园。温性落叶阔叶林分布的海拔下限在不同地区有所不同。在燕山地区,由于气候相对湿润,在海拔 500~600 m 的阴坡即有分布;在太行山地区则往往在 800 m 以上,干扰较严重的地区甚至退缩至海拔 1 000 m 以上。落叶阔叶林以蒙古栎林和白桦林最具代表性。寒温性针叶林带以华北落叶松林为主,在海拔(800)1 000~2 300 m 的区域广泛分布。除华北落叶松林外在海拔 1 800 m 以上的山地也有零星白扦林和青扦林分布。亚高山草甸带在海拔 2 000 m 以上的山顶即有分布,在雾灵山、大海陀、小五台山、驼梁山等地的山顶都有分布。其中,小五台山地区的亚高山草甸分布面积最大,植物类型也最为丰富。

3.3.1 典型山地植被垂直分布

现以小五台山、雾灵山和驼梁三座主要的山峰为例,阐述研究区山地植被垂直带谱。

(1)小五台山山地植被垂直带谱

小五台山属恒山余脉,位于河北省西北部,地理范围为东经 114°50′~115°15′、北纬 39°40′~40°10′,最高峰东台海拔 2 882 m。小五台山是研究区最高峰,有着京津冀地区最完整的植被垂直带谱（图 3-1）。山体自下而上可分为落叶阔叶灌丛带、温性落叶阔叶林带、寒温性常绿、针叶林寒温性落叶针叶林带、亚高山落叶阔叶灌丛带和亚高山草甸带。

最下层的落叶阔叶灌丛带主要分布在海拔 1 300 m 以下，为落叶阔叶林破坏后的次生植被，且大多数（尤其 1 000 m 以下）已开发为农用地。阳坡主要为荆条灌丛，常有沙棘灌丛、蚂蚱腿子灌丛、河朔荛花灌丛等分布；阴坡主要有三裂绣线菊和虎榛子灌丛等，其他常见类型有平榛、照山白、坚桦、丁香等灌丛。

温性落叶阔叶林带分布于海拔 1 300～1 700 m 的阴坡，阳坡分布海拔稍高，在海拔 1 400 m 以上。典型的植被类型为白桦林，其他常见类型有蒙古栎林、硕桦林、黑桦林等。阳坡主要为蒙古栎林和桦木林。

针叶林带包括寒温性落叶针叶林和寒温性常绿针叶林，主要分布在海拔 1 700～2 000 m，主要为云杉、冷杉林和华北落叶松林。云杉、冷杉林以白扦为主，偶有以青扦和臭冷杉为建群种的群落，并常与华北落叶松混生，在阴阳坡均有分布。寒温性针叶林带有时缺失，温性落叶针叶林带以华北落叶松林为主，主要分布在海拔 2 000～2 300 m 的阴坡。

亚高山落叶阔叶灌丛带是原始森林植被遭到破坏后形成的次生植被，属落叶阔叶灌丛，多分布于海拔 2 000～2 300 m 处，位于针叶林和亚高山草甸之间。亚高山落叶阔叶灌丛带主要由呈灌丛状的密齿柳、华北落叶松和硕桦等组成，混生金露梅、六道木、悬钩子、小叶茶藨子、绣线菊等。有的地区亚高山落叶阔叶灌丛带缺失，华北落叶松林可延伸到亚高山草甸带内，并在林线处形成落叶松矮林。

亚高山草甸带主要分布在海拔 2 300 m 以上的平缓山坡及山顶（阳坡可下降到 2 100 m 处），主要以嵩草和薹草为主，并和地榆、华北蓝盆花、紫苞风毛菊、紫羊茅、珠芽蓼等共同构成群落优势种。图 3-1 为小五台山植被垂直带谱。

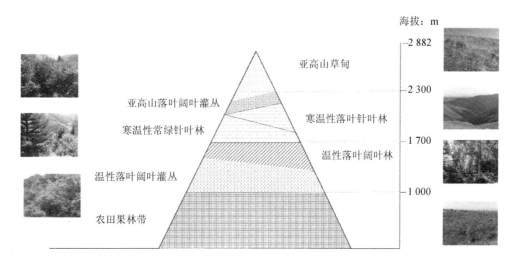

图 3-1　小五台山植被垂直带谱

（2）雾灵山山地植被垂直带谱

雾灵山在行政区划上分属于北京市密云区及河北省承德市兴隆县，分别由北京雾灵山自然保护区与河北省兴隆县雾灵山自然保护区管理。北京雾灵山自然保护区最高峰南横岭海拔为 1 732 m，最低点为 510 m，相对高度约为 1 200 m。河北省兴隆县雾灵山自然保护区，其主峰歪桃峰海拔为 2 118 m，是燕山山脉的主峰。雾灵山土壤主要为典型褐土、淋溶褐土、棕色森林土、次生草甸土四种类型。

雾灵山南坡多为山杨林、桦树林，偶有油松林斑块，随着海拔升高，1 500 m 以上主要为华北落叶松林，雾灵山主峰顶部海拔 2 000 m 以上为亚高山草甸。雾灵山北坡海拔落差较大，随着海拔梯度的降低，群系由华北落叶松林演变成大片的白桦林、硕桦林，900 m 以下多镶嵌阔叶林。胡桃楸林存于狭长幽深的沟谷之中。海拔 800 m 以下，由于温度相对较高，再加上人类活动频繁，大部分区域被荆条灌丛占据。

图 3-2 为雾灵山植被垂直带谱。

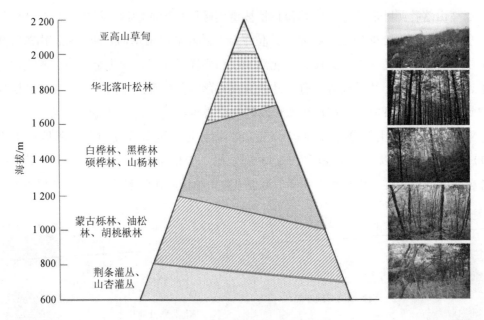

图 3-2　雾灵山植被垂直带谱

（3）驼梁山地植被垂直带谱

驼梁最高峰海拔为 2 281 m，位于河北阜平县、山西五台县与河北石家庄市平山县交界处。驼梁由于纬度相对较低，较为暖湿。驼梁山地植被垂直带谱主要分为 4 个植被带：落叶阔叶灌丛带、落叶阔叶林带、针叶林带以及亚高山草甸带。

落叶阔叶灌丛主要分布在海拔 1 500 m 以下的山地，由于森林破坏历史久远，以及水土流失，演替为各种灌丛。灌木种类有三裂绣线菊、六道木、胡枝子、大花溲疏、杭子梢等。在该垂直带中还有大量人工营造的刺槐林、油松林及农田和果园等。

落叶阔叶林带分布在海拔 1 500 m 以上，主要有桦木、山杨林；在海拔 1 500 m 左右处主要为蒙古栎林和椴木林。蒙古栎林和椴木林中大多混生其他阔叶树如元宝槭、胡桃楸、鹅耳枥等。在落叶阔叶林带分布范围内，特别是靠下部地带，由于破坏比较严重，也有灌丛存在，主要为照山白灌丛、六道木灌丛及坚桦灌丛等。

针叶林带主要分布在海拔 2 000～1 500 m 的山坡上，分布有由华北落叶松和桦木构成的森林类型。在海拔 1 500～2 000 m 的陡坡上，主要分布华北落叶松林。林下灌木有六道木、灰栒子等，草本植物有唐松草、升麻、歪头菜、糙苏、耳状蓼、玉竹等。

亚高山草甸带分布在海拔 2 000 m 以上处，呈山地草甸景观，主要由双子叶植物构成，分布均匀，无优势种之别，开花季节如美丽花坛，植物种类有金莲花、翠雀、黎芦、岩青兰、珠芽蓼等。

3.3.2　主要植被型组的垂直分布

（1）针叶林

针叶林是指以针叶树为建群种组成的各类森林植物群落的总称。其中，华北落叶松（*Larix principis-rupprechtii*）林、油松（*Pinus tabuliformis*）林和侧柏（*Platycladus orientalis*）林是研究区分布范围最广泛的 3 个群系，且主要为人工林或半归化的自然林。针叶林在研究区分布范围比较广泛，整个区域内几乎都能发现，在海拔 70～2 500 m 的地区均有分布。在垂直分布上华北落叶松林的分布海拔最高，在南部地区仅分布在海拔 1 400 m 以上的地区，在北部可以分布到海拔 1 000 m 以下的山地。油松林是本区域分布面积最大的群系，分布面积占针叶林总面积的 80% 以上，在海拔 1 700 m 以下的地区广泛分布，具有极高的经济价值和生态价值。侧柏林比较喜暖、耐旱，分布海拔较低，在海拔 800 m 以下的阳坡和半阳坡有广泛分布，其中在北京地区有近年大量营造的人工侧柏林。

（2）阔叶林

阔叶林是指以阔叶树种为建群种组成的各类森林植物群落的总称。阔叶林的分布范围同样比较广泛，主要包括蒙古栎（*Quercus mongolica*）林、桦树（*Betula* spp.）林、刺槐（*Robinia pseudoacacia*）林、山杨（*Populus davidiana*）林等几个群系。阔叶林主要分布在暖温带中低山地区，在海拔 100～2 580 m 处均有分布。

（3）针叶与阔叶混交林

针叶与阔叶混交林是由针叶树与阔叶树混交组成的森林。本区域针叶与阔叶混交林中主要有油松（*Pinus tabuliformis*）+刺槐（*Robinia pseudoacacia*）林和华北落叶松（*Larix principis-rupprechtii*）+桦树（*Betula* spp.）林两种类型群系。这两种类型多有人工干预现象甚至有许多直接为人工栽植种。其中，油松+刺槐林主要分布在海拔 600～1 000 m 的区域，在调查区南部的平山县—阜平县一带以及涞源县的南部和东南部有广泛分布。华北落叶松+桦树林则主要分布在驼梁和小五台山地区海拔 1 400 m 以上的山地阴坡。

（4）灌丛

灌丛是以灌木为优势种组成的植被类型。灌丛是研究区分布范围最广、面积最大、群系类型最丰富的植被型，其中荆条（*Vitex negundo* var. *heterophylla*）灌丛、三裂绣线菊（*Spiraea trilobata*）灌丛、山杏（*Armeniaca sibirica*）灌丛等的分布范围均极为广泛，分布面积极大。灌丛的适应能力较强，既有在高原地区发育的耐寒耐旱的原生灌丛，也有森林破坏后的次生灌丛，此外，在山地垂直带谱上林线以上地区也发育着适应极端气候的山地灌丛。灌丛在整个研究区海拔 2 500 m 以下的地区均有分布。

（5）草原

草原是在温带半湿润—半干旱气候条件下发育起来的，由低温旱生多年生草本植物组成的一种植被类型。草原主要分布在张家口地区海拔 1 000～1 500 m 的开阔高平原、山间盆地及丘陵地区，主要由多年生丛生禾草、根茎禾草及薹草、杂类草等组成。其中，蔚县—涞源县一带的"空中草原"地区是草原最主要的分布区。

（6）草甸与草丛

草甸是一类生长在中度湿润条件下的多年生中生草本植被类型。太行山地区分布比较广泛的草甸，依据生境不同可分为高原河漫滩草甸、山地草甸以及亚高山草甸 3 类，其中亚高山草甸仅分布在小五台山海拔 2 500 m 以上的山顶地区。此外，在拒马河、桑干河沿岸，以及一些水库附近还有一些盐生草甸和沼泽化草甸，但许多已被开垦为农田。

草丛主要包括白羊草（*Bothriochloa ischaemum*）草丛和黄背草（*Themeda triandra*）草丛两个类型。草丛往往为在林地或灌丛被反复砍伐、水土流失严重、土壤贫瘠的地区形成的次生演替类型。草丛主要分布在涞源—涿鹿一带海拔 1 300 m 以下的低山丘陵地区。

（7）人工植被

人工植被又称栽培植被或农业植被，主要包括农田、果园、经济林、防护林等类型。人工植被大多数分布在平原地区，没有明显的垂直地带性分布差异，而主要随着热量的差异沿纬度形成地带性分布。其中，农田分布基本以长城为界，长城以北一般为一年一熟制耕作，同时可种植苹果、梨、葡萄、山杏等；长城以南可满足两年三熟制耕作，适宜生长核桃、柿子、板栗、枣、梨等果树；保定以南的区域可以满足一年两熟制作物的生长，主要种植冬小麦、玉米、高粱等。

第 4 章　1998—2018 年的植被变化

4.1　植被 NDVI 变化

4.1.1　数据来源及统计方法

归一化植被指数（Normalized Difference Vegetation Index，NDVI）数据来自中国科学院地理科学与资源研究所资源环境科学与数据中心（https：//www.resdc.cn）的"中国年度植被指数（NDVI）空间分布数据集"。该数据集是基于连续时间序列的 SPOT 卫星归一化植被指数（SPOT/VEGETATION NDVI）卫星遥感数据，采用最大值合成法生成的1998 年以来的年度植被指数数据集。该数据集反映了全国各地区在空间和时间尺度上的植被覆盖分布和变化状况，对植被变化监测、植被资源合理利用和其他生态环境相关领域的研究有重要的参考意义。将 1998—2018 年连续 21 年的年最大 NDVI（$NDVI_{Max}$）数据下载后用研究区边界进行裁剪，统计区域 NDVI。

年最大 NDVI 绝对值变化利用 2018 年 $NDVI_{Max}$ 与 1998 年 $NDVI_{Max}$ 的差值表示。

通过一元线性回归的方法反映研究区年际间 $NDVI_{Max}$ 的变化趋势，以回归方程的斜率表示其变化趋势率（slope）。slope 的计算使用最小二乘法求得，其计算公式为

$$slope = \frac{\sum_{i=1}^{n} y_i x_i - \frac{1}{n}\left(\sum_{i=1}^{n} y_i\right)\left(\sum_{i=1}^{n} x_i\right)}{\sum_{i=1}^{n} x_i^2 - \frac{1}{n}\left(\sum_{i=1}^{n} x_i\right)^2} \tag{4-1}$$

式中，x_i 表示第 i 年（1998—2018 年）的时间序列，y_i 表示第 i 年 $NDVI_{Max}$ 序列值，n 表示研究时段总年数。

趋势分析的显著性检验使用双尾 $t - test$（t 检验），其计算公式为

$$r = \frac{\sum_{i=1}^{n}(x_i - \bar{x})(y_i - \bar{y})}{\sqrt{\sum_{i=1}^{n}(x_i - \bar{x})^2 \sum_{i=1}^{n}(y_i - \bar{y})^2}} \tag{4-2}$$

$$t = \frac{r\sqrt{n-2}}{\sqrt{1-r^2}}$$
(4-3)

式中，r 表示 $NDVI_{Max}$ 与时间序列之间的相关系数；$\bar{x}$ 表示时间序列的平均值；$\bar{y}$ 表示 21 年间区域 $NDVI_{Max}$ 的平均值；t 表示显著性，计算得出的 t 值若大于 $t_{0.05}$（2.096），则表示通过显著性检验。

4.1.2　研究区 NDVI 绝对值变化趋势

利用 1998—2018 年连续 21 年的年最大 NDVI 数据统计发现：近 21 年来太行山优先区域的植被状况整体呈现好转的趋势（$R^2 = 0.885\,1$），1998—2018 年区域平均 $NDVI_{Max}$ 由 0.74 上升到了 0.83，增加了 12.16%（图 4-1）。

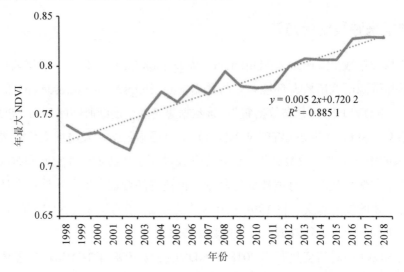

图 4-1　太行山优先区域 1998—2018 年 $NDVI_{Max}$ 动态

4.1.3　研究区 NDVI 绝对值变化空间分布

从 $NDVI_{Max}$ 绝对值变化空间分布上来看，研究区北部 $NDVI_{Max}$ 整体高于南部。其中，$NDVI_{Max}$ 绝对值较低的区域主要分布于涞源县县城、宣化区南部以及平谷区等人类干扰较大的地区以及官厅水库、密云水库等区域。近 20 年来，本区域 $NDVI_{Max}$ 增加的地区主要集中在蓟县、密云、唐县、阜平等地区，而 $NDVI_{Max}$ 减少的地区主要在怀来县南部、平谷区中部、蓟县北部和涞源县县城周边等。

4.1.4　研究区 NDVI 变化率及其空间分布

研究区 $NDVI_{Max}$ 增加速率较大的地区主要位于密云区、宣化区以及阜平县等区域，而 NDVI$_{Max}$ 呈下降趋势的地区主要位于平谷区、遵化市、怀来县以及涞源县等地。区域 NDVI$_{Max}$ 平均增加速率为 0.005/a。

相关性检验结果与变化速率结果类似，即大部分地区年最大 NDVI 随着时间变化有增加的趋势，仅在涞源县、平谷区、遵化市等地有下降趋势。t 检验结果表明：多数 NDVI$_{Max}$ 增加的区域通过了双尾 t 检验，表现为显著的增加趋势，而 NDVI$_{Max}$ 下降的区域变化则基本不显著。

4.2　土地利用和土地覆盖变化

4.2.1　数据来源

土地利用数据来自中国科学院地理科学与资源研究所资源环境科学与数据中心（https：//www.resdc.cn）提供的《中国土地利用现状遥感监测数据》。数据生产制作是以美国陆地卫星（Landsat）遥感影像为主要数据源，通过人工目视解译生成。空间分辨率为 1 km。土地利用类型划分为耕地、林地、草地、水域、居民地和未利用土地 6 个一级类型以及 25 个二级类型。根据研究区实际情况，将林地中的灌木林（指郁闭度＞40%、高度在 2 m 以下的矮林地和灌丛林地）单列共计七大类。不同土地利用类型及其含义见表 4-1。

表 4-1　不同土地利用类型及其含义

编号	名称	含义
1	林地	指生长乔木、灌木、竹类以及沿海红树林等的林业用地
2	灌木林（灌丛）	指郁闭度＞40%、生长高度 2 m 以下植物的矮林地和灌丛林地
3	草地	指以生长草本植物为主，覆盖度在 5%以上的各类草地，包括以牧为主的灌丛草地和郁闭度在 10%以下的疏林草地
4	耕地	指种植农作物的土地，包括熟耕地、新开荒地、休闲地、轮歇地、草田轮作物地；以种植农作物为主的农果、农桑、农林用地；耕种 3 年以上的滩地和海涂
5	未利用土地	目前还未利用的土地，包括难利用的土地
6	城乡、工矿、居民用地	指城乡居民点及其以外的工矿、交通等用地
7	水域	指天然陆地水域和水利设施用地

本书分别选取 2000 年和 2018 年北京市、天津市以及河北省三省（直辖市）的土地利用数据进行拼接，并在裁剪后进行分析。

4.2.2　土地利用现状

2018 年土地利用现状分析结果表明：研究区土地利用类型面积最大的为林地，面积约为 9 477.38 km² （占区域总面积的 43.95%），其次为草地和灌木林地，面积分别为 4 502.47 km² （占区域总面积的 20.88%）和 4 057.7 km² （占区域总面积的 18.82%）。

4.2.3　土地利用类型变化

研究区 2000—2018 年 19 年间土地利用和土地覆盖变化（Land Use and Land Cover Change，LUCC）分析结果发现：研究区主要土地利用类型变化特征为林地和建筑用地大面积增加以及灌木林、耕地和草地减少；其中，林地面积增加最多，增加了 643.6 km²，其次为建筑用地增加了 391.7 km²；与此同时，灌木林和耕地面积则分别减少了 467.87 km² 和 402.88 km²，此外，草地和水体面积分别减少了 168.99 km² 和 24.42 km²（表 4-2）。

表 4-2　研究区 2000 年和 2018 年不同土地利用类型面积及其比例

序号	类型	2000 年面积/km²	2000 年比例/%	2018 年面积/km²	2018 年比例/%	面积变化/km²
1	林地	8 833.78	40.96	9 477.38	43.95	643.60
2	灌木林	4 525.57	20.99	4 057.70	18.82	−467.87
3	草地	4 671.46	21.66	4 502.47	20.88	−168.99
4	耕地	2 775.90	12.87	2 373.02	11.00	−402.88
5	建筑用地	255.80	1.19	647.50	3.00	391.70
6	未利用地	3.00	0.01	31.87	0.15	28.87
7	水体	499.25	2.32	474.83	2.20	−24.42
	总计	21 564.76	100.00	21 564.77	100.00	—

土地利用变化面积转移矩阵结果表明，2000—2018 年，研究区林地的主要转变来源为灌木林以及草地和耕地的转换（面积分别为 1 138.22 km²、683.16 km² 以及 485.58 km²，表 4-3）。表明近 19 年来研究区植被生长状况好转以及退耕还林政策的影响。建筑用地面积增加的主要来源为耕地和草地的转换，面积分别为 228.44 km² 和 113.15 km²（表 4-3）。这表明近 19 年来由于经济发展，建筑用地对耕地的挤占比较明显。

表 4-3　2000—2018 年土地利用变化面积转移矩阵　　单位：km²

2000 年	2018 年							
	林地	灌木林	草地	耕地	建筑用地	未利用地	水体	总计
林地	7 092.58	725.01	572.06	300.62	103.72	2.00	37.78	8 833.78
灌木林	1 138.22	2 519.53	576.13	172.56	91.13	0.00	28.00	4 525.57
草地	683.16	581.42	2 807.46	447.54	113.15	1.96	36.78	4 671.46
耕地	485.58	205.53	478.93	1 299.57	228.44	13.10	64.74	2 775.90
建筑用地	34.02	11.21	25.46	83.76	93.51	1.00	6.85	255.80
未利用地	0.00	0.00	2.00	0.00	0.00	1.00	0.00	3.00
水体	43.82	15.00	40.42	68.96	17.55	12.81	300.68	499.25
总计	9 477.38	4 057.70	4 502.47	2 373.02	647.50	31.87	474.83	21 564.76

4.2.4　LUCC 空间分布

研究区林地增加的区域主要在房山区、昌平区、涞水县以及南部的灵寿县、平山县等地，而林地减少的区域主要位于北部的怀柔—密云一带。

研究区灌木林变化的空间趋势与林地相反，房山区、涞水县等减少较为明显，而怀柔区附近有较多的增加，表明近 19 年间研究区的林地和灌木林发生了显著的转换。

草地主要集中在研究区东南部和北部，近 19 年来分布面积整体有所减少（表 4-2），但没有明显的空间差异。

2000—2018 年研究区耕地有较大面积的减少，主要由于退耕还林还草政策及建筑用地的挤占，其中门头沟区、昌平区、密云区、平谷区、怀来县等地均有较大面积的耕地减少。

研究区近年来建筑用地面积增加显著，2000—2018 年 19 年间建筑用地面积增加了约 10 倍，主要原因为涞源县、房山区、密云区、平谷区等地原来城镇周边建筑用地的扩张。

2000—2018 年研究区水体有一定的萎缩，水体减少的区域主要位于北部密云区以及中南部涞源县、易县以及涞水县周围。

第5章　人类活动对区域植被的影响及威胁因素

5.1　人类活动对区域植被的影响

人类活动对植被的影响主要分为砍伐、开垦、人工林建植、城镇建设等。太行山地区植被类型虽然比较丰富，但遭受的干扰也很严重。太行山地区开发较早，据记载至少有 3 000 年以上的历史。由于历史上森林被大量砍伐，加之本区域人口比较密集，尤其东部地区人口众多，人类活动对生态环境的压力巨大。因此，本区域原始的植被类型大部分已经被破坏，目前植被以次生植被为主，只有高山上有少量残存的原生草甸和落叶灌木。

本区域有大面积人工种植的林地，其中针叶林包括油松林、侧柏林、华北落叶松林，阔叶林以刺槐林为主，这些人工林大多已经归化为半自然林。一方面，大规模的人工造林有利于当地的植被恢复；另一方面，大规模的人工林往往林分组成单一，生态功能和生态系统稳定性较差，且抗病虫害能力较弱。另外，不合理的造林可能加剧地下水的消耗，不适当的物种选择还有可能造成外来物种（如火炬树等）入侵。太行山部分区域是火灾易发区，防火压力较大。尤其是人工油松林，物种组成单一，木材油脂含量高、材质易燃，极易受火灾以及病虫害的影响。

尽管近年来的"退耕还林"政策实施力度不断加大，但区域内农业植被仍然占有较大比重。本书绘制的 1∶20 万植被图显示：农业植被面积占总面积的 9.79%，其中粮食作物集中分布在涞源县城和蔚县东北方向，而在燕山地区东部有大片果园分布。农业植被引起的水土流失以及对地下水的消耗问题都可能对区域生态造成负面影响。

在无植被地带中，建筑（含道路）和裸地面积分别占总面积的 2.41% 和 0.95%。建筑用地主要为城镇和乡村建设用地，也包括部分工矿企业建筑面积。随着经济社会的快速发展，建设用地也随之快速扩张，有研究表明，1990—2015 年，太行山地区土地利用变化中近四成为建设用地的增加，且主要由耕地转化而来。城市的扩张和交通网线的延伸是造成区域植被退化的重要因素。裸地主要集中在区域南部的涞源县和阜平县一带，多为开山采矿留下的裸露山体。如涞源县城东南的一处矿坑，谷歌地球历史影像显示，至少在 20 世纪 80 年代便已形成，至今直径已近 2 km，现在全部为裸露岩石，植被恢复难度极大。

5.2　主要威胁因素

参照张智婷关于河北省自然保护区规划和管理有效性评估的研究结果并结合实际调查结果，确定对研究区生态系统威胁比较严重的因素主要有火灾、放牧、开垦、采矿探矿、非木质林产品采集、自然灾害、旅游、修建公路、林木采伐和薪柴采集 9 项。根据实地调查与访问，结合遥感影像对调查区域受威胁种类与程度进行评估。

5.2.1　火灾

火灾是威胁太行山区生态系统安全的重要因素。火灾不仅威胁研究区生物多样性和生态系统安全，还会严重威胁区域经济社会安全。研究区大面积的人工油松林和侧柏林是火灾最主要的威胁对象，此外，部分封育时间过久的林区由于枯枝落叶层较厚，也易引起火灾。在调查中，从相关保护区和当地居民处了解到，近年来，相关区域的防火压力一直比较大，尤其是环北京周边的河北地区常出现人力和资金不足问题，相关预警措施和扑救能力也较弱。例如，2019 年 3 月发生在涞源县白石山镇的火灾，烧毁油松林面积达数百公顷（图 5-1～图 5-3），对当地居民生命财产安全造成了严重的威胁。

图 5-1　火烧后的油松林

图 5-2　火烧后的油松林近景

图 5-3　卫星影像上可见油松林火烧后留下的痕迹

5.2.2　放牧

　　放牧是在太行山地区普遍存在的现象。尽管近年来加大了封山禁牧的力度，但部分区域尤其是张家口，仍存在超载过牧的现象。过度放牧对当地生态系统造成了严重的破坏，也威胁着野生动植物的生存空间（图 5-4～图 5-6）。

图 5-4　在山谷中大量放牧破坏性较强的山羊

图 5-5　过度放牧导致植被退化和灌木节间极度缩短

图 5-6　过度放牧导致草地重度退化

5.2.3　开垦

太行山地区开荒造田的历史久远，尽管在退耕还林还草政策下许多不适宜耕作的区域已经退耕，但开垦和耕作留下的影响仍需一定的时间才能恢复。在调查中发现，许多退耕地区的梯田尽管植被覆盖较好，但仍以草本植物为主，恢复为原生灌丛或林地需要一段时间（图 5-7）。

图 5-7　曾经被开垦但植被尚未完全恢复的梯田

5.2.4 采矿探矿

采矿主要集中于保定市涞源县周边、驼梁自然保护区附近以及北京市门头沟等地区，其中北京一些已经关停的矿场生态条件恢复情况良好，但研究区南部的部分区域由于历史采矿造成的山体和植被破坏非常严重，现有许多裸露的岩石山体，生态恢复极其困难（图 5-8）。

图 5-8 矿山开采造成的山体和植被严重破坏

5.2.5 非木质林产品采集

非木质林产品采集主要指药材、山野菜以及野生食用菌等的采集和盗挖。本次调查发现，当地居民对药材和野菜的采集和挖掘较为普遍，尤其是红景天的盗挖在部分区域仍然比较严重。当地市场对红景天的收购价高达 10~20 元/斤①，当地村民单次入山采挖的红景天可达 100 斤以上，丰厚的利润是盗挖红景天难以禁绝的主要原因。

5.2.6 自然灾害

自然灾害主要包括山洪、泥石流等非生物灾害以及病虫害等生物灾害。在实地调查中发现，调查区整体生态状况良好，山洪、泥石流等很少发生，但部分地区存在水土流失的现象（图 5-9）。此外，在保定市涞水县至北京房山区西南一带有大片鹅耳枥遭严重

---

① 1 斤=0.5 kg。

虫害，大片林地树叶几乎被啃食殆尽（图 5-10）。

图 5-9   植被破坏导致水土流失

图 5-10   虫害之后的鹅耳枥群落

5.2.7　旅游

研究区处于京津冀都市圈周围，充足的游客人数给当地生态旅游发展带来了极大的机遇和丰厚的收入，但随之而来的游客也对当地生态造成了巨大的压力。以五岳寨为例，早在 2000 年客流量就已达 15 万人次/a，驼梁地区待游客数 20 万人次/a 以上。大量游客的涌入不可避免地会给当地生态带来一定的影响。同时，各旅游景区在开发过程中修建的旅馆、道路等也给地方生态带来了严重的破坏（图 5-11）。

图 5-11　游客留下大量的垃圾

5.2.8　修建公路

随着经济社会的快速发展，大量修建的公路可能会造成植被破坏以及生境破碎化。区域内道路的增加可能会加剧生物栖息地丧失、阻碍物种内基因交流及降低遗传多样性，并增加人为干扰的强度（图 5-12）。

5.2.9　林木采伐和薪柴采集

由于相关宣传和监管力度的加大，林木采伐现象基本得到了遏制，但在部分地区薪柴采集的情况仍有发生。尤其是在部分偏远地区，由于交通不便、经济困难和观念落后，煤等替代性能源使用率较低，薪柴仍是当地重要的生活资料来源。传统的薪柴燃烧不但效率低、易引起火灾，而且入山樵采本身还会对野生动植物的生境造成干扰和破坏，从而对当地生态系统完整性和生物多样性造成影响。

图 5-12　修建道路导致植被破坏及景观破碎化

第6章　主要问题与保护建议

6.1　主要问题

①自然资源本底状况不清。

尽管已经有一些学者对研究区内的重点区域、保护区等做了调查，但整体状况仍然不清楚。一些自然保护区内也只是进行过简单的调查，仅有物种名录而缺乏详细的种群及群落水平的研究，对一些珍稀濒危物种分布和受威胁状况的了解也不清楚。

②缺乏科学的检测、评估与保护。

除小五台山、百花山等国家级自然保护区外，大多数区域缺乏科学的动态监测与评估体系，许多自然保护区的监测与评估工作还是空白，难以根据资源的动态变化进行科学决策。

此外，部分保护区的保护要么流于形式，各类开发破坏活动仍然频繁；要么一禁了之，长时间的封禁不但不利于植被的自然更新，而且枯枝落叶的大量积累加大了火灾的威胁。

③生态旅游缺乏规划，不能合理开发利用。

太行山区域内资源十分丰富，但目前多数区域没有做过合理的旅游规划，不能合理开发利用，过度开发导致游客大量涌入，超出了当地的生态承载和恢复能力，造成了生态的极大破坏。

④经费投入严重不足。

除国家级自然保护区享受中央财政投入的基础设施资金外，其他级别的自然保护区几乎没有国家级的投入。只有部分省级自然保护区享受省财政、市财政和县财政按编制拨付的人头费。河北地区由于经济实力有限，部分自然保护区最基本的投入尤其得不到保证，甚至很多自然保护区工作人员的正常出差等办公经费都得不到解决，基础设施建设，开展科研、监测等工作更是无法开展。资金投入不足已经严重影响了自然保护区的发展。

⑤部分管理人员能力和素质较低，管理水平亟待提高。

⑥部分地区经济发展和生态保护之间的矛盾仍然严重，人口和发展的双重压力导致生态退化仍然较为普遍。

⑦人工林营造不甚合理，大量种植单一树种容易引起病虫害泛滥和火灾，不适宜的树种营造导致成活率偏低，也会对原生植被造成损害。

6.2　保护建议

针对太行山优先区域京津冀地区的威胁因素与生态问题，提出以下保护建议。

①建立健全护林防火机制，加强森林防火宣传，提高当地群众参与防火的意识和能力。

②开展旅游活动的自然保护区，必须经相关部门批准并请有相关资质的部门做好旅游规划。根据旅游规划合理开展森林旅游活动，加强对旅游从业人员的培训，加强生态科普、知识宣传，对严重违反规定、破坏生态环境的行为坚决制止和处理。

③林业部门和相关保护区应当加大对非法采集药材、野菜以及乱砍滥伐、盗猎等行为的处罚力度，对于破坏和威胁珍稀濒危植物的行为予以坚决查处。此外，林业部门还应联合相关工商管理部门，对市场上的非法药材和野生动植物制品予以查处，从源头上控制野生动植物制品的不合理需求，杜绝非法采集。

④通过部门协调和执法，逐步减少和停止在保护区内放牧的行为；另外，加强宣传，因地制宜地推广合理的放牧制度，严禁超载过牧，推进退牧还林还草以及休牧、春季禁牧、舍饲圈养等科学放牧制度。

⑤地方政府应当加大替代能源项目的建设，提高对生态脆弱区和核心保护区居民的替代能源补贴，大力发展沼气、风能、太阳能等新能源，最大限度地减少薪柴的需求量。

⑥加大对非法采矿的监管和处罚力度，通过地面巡视和卫星监测的方式最大限度地减少偷采矿的行为。对在自然保护区内采矿的行为予以坚决制止。对于正常的采矿行为要严格限定开采区域和开采类型，坚持"谁污染、谁治理，谁开发、谁保护"的原则，开采前必须经过生态评估，开采造成的生态损坏和污染必须进行修复治理。对生态已经破坏的区域，通过自然恢复辅以人工更新进行改造和恢复。

⑦加强植物检疫工作，重视病虫害的预防和治理，定期发布林业有害生物发生趋势预报。推广生物防治，减少农药施用，维持生态平衡。营造人工林时应注意不同树种之间的搭配，尽量避免营造大面积的纯林。

6.3　优先保护植被类型

通过查阅文献，结合实地考察，现提出以下几种需要特别注意和保护的群系类型。

6.3.1 优先保护群系选择原则

优先保护群系选择需要综合考虑以下原则。

①特有性：为本区域特有或反映特定生境的群系类型。

②稀少性：自然分布较少或由于生境破坏残存较少的群系。

③脆弱性：受破坏严重或易受潜在人为干扰的影响以及破坏后修复困难的群系。

④地带性：需要优先保护的群系还需要有区域代表性，能够反应地带性的生态状况和植被分布规律。

⑤生态功能：注重生态功能价值，重点关注生物多样性保护，以及生态景观、野生动植物栖息地和美学等价值。

6.3.2 优先保护森林群系

（1）白扦林

白扦林原是小五台山高海拔地区的一种顶极群落，但由于历史上的多次砍伐，现在分布范围已经很小，仅在小五台山地区高海拔处尚有残存。

白扦林群落遭受破坏后，桦木作为先锋树种往往在破坏后的迹地上迅速生长。当桦木逐渐形成一定森林群落结构后，林内光照减弱，抑制了自身的生长，反过来促进了白扦幼苗的生长。最终桦树林被白扦林替代。成熟白扦林的乔木层高度可达 12～17 m，但目前研究区的白扦林往往处于演替初期，群落内白扦数量和盖度均较小，部分群落白扦高仅为 5 m 左右，盖度仅为 20%～50%。由于现存白扦林多处于小五台山国家级自然保护区的保护范围之内，未来在保持较少干扰的前提下，经过一定时间的演替，有望形成较大面积的白扦林。这对当地生态系统恢复和植被以及生物多样性的保护具有重要意义。

（2）青扦林

青扦林主要分布在雾灵山地区，但由于历史上的破坏，现几乎已经没有大面积的青扦林，仅有少数斑块零星存在于后牛犄角沟和七盘井北侧海拔 1 600～1 800 m 的阴坡。群落建群种青扦生长较差，幼苗更新不良，常与华北落叶松、白扦、白桦等形成混交群落。

青扦林生态幅狭窄、对生境中的水热和土壤条件要求苛刻，群落生态系统比较脆弱、易遭破坏，因此应该加强青扦林的保护和抚育。

（3）臭冷杉林

臭冷杉自然分布于东北、华北各地，但在华北地区由于反复地砍伐和破坏，该种在许多地区已残存无几。因此，小五台山地区的原始次生臭冷杉林显得尤为珍贵。小五台山臭冷杉主要分布在南台林区湖上沟和南台道沟中，生长在海拔 1 200～2 100 m 的寒湿山地阴坡棕壤土上，同云杉、落叶松或桦树混生。

臭冷杉材质轻柔，树形宛如宝塔，姿态优美，为华北中山地带珍贵树种之一，其树脂胶可提制高级香精，是重要的化工原料。臭冷杉生长发育周期长，自然更新能力良好，有较好的林下更新能力。但臭冷杉林历史破坏过于严重，因此现存极少。冷杉林的保护对维护该森林群落的森林生态长期稳定和森林资源的可持续发展，均具有重要意义。

在全球生态环境日益恶化的情况下，京津冀地区存在的生态环境优越、保存完整的天然臭冷杉群落应该引起重视。鉴于臭冷杉林在华北地区分布上具有稀少性及其在森林群落演替中的重要研究价值，很有必要对小五台山区的臭冷杉林予以充分保护，进行资源动态定位监测，为研究自然资源的发展演变、开展教学实习、普及科学知识提供一块完整的"实验田"。

（4）杜松林

杜松为柏科刺柏属小乔木，是珍贵的针叶常绿树种，它树形优美紧凑，生长缓慢，寿命长，病虫少，抗逆性强，具有耐干旱、耐寒冷、易繁殖、易栽培、易管理的特性，是干旱寒冷地区理想的绿化观赏、美化树种。可用于城乡和道路绿化、小区美化等。杜松木材坚硬，材质致密，耐腐性强，可用于制作工艺品、家具，雕刻等。

研究区残存的天然杜松林，仅分布在燕山山系灵山支脉、太行山北段和恒山的连接部位，东经 105°～130°、北纬 35°～45°，海拔高度为 1 000～1 500 m 的范围内。在行政区划上，分布面积较大的是张家口地区涿鹿县大堡镇下刁蝉以及石门乡要家沟。天然杜松林是在 1983 年林木良种普查时发现的，现已获得当地的重点保护和人工繁育，并能产出杜松球果和种子。但目前杜松林的分布仍然很少，种质资源的多样性也有待进一步发掘。

（5）天然侧柏林

本区域侧柏林分布范围较广，但多为人工林或半归化的人工林，林内生物多样性较低。天然侧柏林由于长时间的人为干扰现在研究区内已经很少见，仅在极其偏远的地区以及一些较陡的山坡上有残存。天然侧柏林群落外貌稀疏且不整齐，群落结构和物种组成都相对简单。

天然侧柏林的生存条件比较恶劣，侧柏生长极其缓慢，百年以上的侧柏胸径甚至只有 30～40 cm，因此一旦被破坏恢复所需时间极长。近年来，由于"太行崖柏"持续受到追捧，本区域的天然侧柏林被疯狂地采挖，对生态系统和天然侧柏林造成了极大的破坏。

（6）栓皮栎林

栓皮栎林分布较少，且多为人工林。只在潭柘寺、洪崖山等地有成片分布，栓皮栎林群落高度为 5～12 m，一般为纯林，偶伴生小叶朴、大叶白蜡等。林下灌木高约为 1.5 m，盖度为 25%～40%，主要植物有荆条、酸枣、小花扁担杆、雀儿舌头、黄栌、多花胡枝子等。

栓皮栎林是重要的用材林，其树皮木栓层极厚，可制浮标、救生圈、电气绝缘体、瓶塞等软木用品。栓皮栎根深叶茂，其下灌草丛生，森林群落水土保持效能良好。因此，在太行山区应加强保护和发展栓皮栎林。

栓皮栎林内天然更新良好，除栓皮栎外，还可见到榆树、臭椿、蒙桑、槲树的幼苗。目前，栓皮栎林由于人为破坏，生长不良，但若注意保护，可大片成林。易县的河北省洪崖山国有林场管理局有专门的"栓皮栎国家林木种质资源库建设项目"，可对栓皮栎林的繁育和保护起到积极作用。

（7）紫椴林

紫椴为国家二级保护植物，在北京的山区分布较广，但紫椴作为优势种的群落很少，且面积往往不大，仅在百花山和妙峰山等地有小面积分布。主要生长在土壤和水分条件较好的地方，紫椴在群落中的重要值为 0.3～0.6，大部分地区紫椴的胸径为 9～15 cm，紫椴林内伴生种较多，主要有暴马丁香、元宝槭、胡桃楸、大叶白蜡、白桦、山杨、糠椴、黑桦、春榆等。

妙峰山的紫椴林保护小区下方紧靠停车场，容易受旅游开发的影响。如果今后旅游产业规模扩大，不宜扩大停车场的范围，尤其是不可向紫椴保护小区方向扩建。另外，保护小区西南部紧靠农田，人为干扰较大，有必要将西南侧用铁丝网等栅栏将小区与农田隔开。

研究区的紫椴种群多呈现倒"J"形分布，种群发展稳定，属于增长型种群，但幼树以根蘖为主且竞争能力较弱，冬季有大量死亡的现象，因此存在种群衰退的可能。

针对紫椴濒危情况，近几年，在东北地区有紫椴人工林培育、栽培繁育技术、种子休眠等方面的研究，对造林的方法有了初步的研究结论。但是，在野外紫椴群落保护等方面仍缺少研究，而且华北地区紫椴研究更少，今后应当加强紫椴林保护理论及实践的探索和研究。

（8）胡桃楸林

胡桃楸是北京市Ⅱ级珍稀树种，中国珍稀濒危树种的三级保护植物。胡桃楸主要产自东北地区，本区域仅在雾灵山有较大面积的胡桃楸林分布。太行山片区的胡桃楸主要分布在百花山地区海拔 600～1 800 m 的沟谷中，但由于过量砍伐，目前胡桃楸的残存大树已很少见。在胡桃楸的主要产区中，目前仅长白山地区建立了自然保护区，其他产区尚未采取明确的保护措施，仍是主要采伐树种。建议林业部门除控制采伐外，在主要产区划定几处禁伐区，加以保护。胡桃楸常生于水分条件较好的沟谷中，土壤潮湿的沟谷或山坡凹处，林下生物多样性丰富，是生物多样性优良的天然"保育所"。

胡桃楸材质好，有光泽，剖面光滑，纹理美观，并具有坚韧不裂、耐腐等优点。因此胡桃楸用途广泛、经济价值较高，为军工、建筑、家具、车辆、木模、船舰、运动器械及乐器等用材，可做嫁接核桃的砧木和育种的材科。

研究区胡桃楸林虽总体上呈现倒"J"形分布，但整体种群发展并不稳定，北京百花山地区的环境条件适宜其生长。胡桃楸的繁殖方式主要以种子扩散的繁殖方法为主，根萌情况不佳。胡桃楸与北京丁香的幼树可以相互依存、促进成长，但与元宝槭的幼树、暴马丁香、黑桦在不同尺度上都有一定的竞争现象。此外，胡桃楸幼树的生态位宽度很低，对环境的适应程度明显低于乔木层的胡桃楸。

（9）黄檗林

黄檗，又名黄菠萝、黄柏，是芸香科（Rutaceae）的木本植物，为国家二级保护植物。黄檗为第三纪古热带子遗植物，在研究古代植物区系等方面具有重要的科学价值。

黄檗的树皮（主要为韧皮部）也是传统中药的一种。黄檗主要分布在东北小兴安岭南坡、长白山和华北燕山北部等地，太行山地区仅在百花山有少量分布。由于过度采伐和不合理的药材资源采收，黄檗林遭到了严重的破坏，在北京地区珍稀濒危植物等级评定中，黄檗被定为容易消失种，具有极高的保护和科研价值。

黄檗林数量稀少且珍贵。目前，研究区的黄檗种群发展稳定，属于增长型种群，幼苗、幼树的储备较为丰富，但是局部地区由于干扰较重仍存在种群衰退的现象。主要致危因子包括直接采挖或砍伐，以及生境退化或丧失。在黄檗林的保护中，除保护现有资源外，还应适当进行人工种子繁育和扦插栽培，以扩大其资源量和分布范围。此外，黄檗幼苗与小花溲疏和胡桃楸有较大的竞争现象，因此，黄檗林保护应当注意这 2 种物种的适当间伐和去除。

6.3.3　优先保护灌丛群系

（1）金露梅灌丛

金露梅灌丛面积很小，主要分布于雾灵山、东灵山、百花山等地区海拔 1 900 m 以上的山脊或山坡的上部。灌木层几乎全为金露梅，偶有鬼箭锦鸡儿和银露梅。金露梅灌丛与银露梅灌丛的生境相似，有时生长在相同的地区，群落外貌和物种组成也基本一致。

金露梅群落盖度变化较大，从 15%一直到 85%。草本层由耐寒耐旱的草本组成，如火绒草、白萼委陵菜、秦艽、地榆、小红菊、紫苞风毛菊、岩青兰、大叶龙胆、小丛红景天、铃铃香青、大花飞燕草、老鹳草等。其中紫苞风毛菊、小丛红景天、铃铃香青等仅在较高海拔地区分布的物种具有较高的保护价值。而小丛红景天的盗挖最可能对金露梅灌丛产生破坏。

（2）鬼箭锦鸡儿灌丛

鬼箭锦鸡儿主要分布于青藏高原东半部地区，在贺兰山地区也有分布。北京百花山地区是鬼箭锦鸡儿分布的最东缘，因此对研究鬼箭锦鸡儿演化、扩散以及生态适应性等具有重要的意义。鬼箭锦鸡儿在研究区分布面积很小，仅在东灵山、百花山以及小五台山等地海拔 2 000～2 300 m 的山脊处有零星分布。鬼箭锦鸡儿灌丛主要受放牧影响，在小五台山、东灵山等地区的鬼箭锦鸡儿灌丛附近均有放牧现象存在，群落受到一定干扰。

鬼箭锦鸡儿群落受山顶大风及干扰影响，一般比较低矮，但外貌整齐。群落内常伴生银露梅、金露梅。草本植物比较丰富，主要有蒲公英、牡蒿、白萼委陵菜、薹草、地榆、秦艽、小红菊、紫苞风毛菊、玲玲香青、早熟禾、火绒草、野罂粟、并头黄芩、地榆、岩茴香、翠雀、水杨梅、叉歧繁缕、胭脂花等。其中有众多本区域相对少见的亚高山种分布，对区域生物多样性的维持具有重要价值。同时，鬼箭锦鸡儿灌丛对研究太行山北段地区植物区系起源及物种迁移等具有重要的价值。

（3）青檀灌丛

青檀分布范围较为狭窄，仅在蒲洼、十渡、妙峰山有分布，主要分布于海拔 200～400 m 的山地半阳坡至阴坡或沟谷中。青檀的生活型为乔木，但由于水分条件不良，本研究区的青檀多为灌木状，仅在沟谷中水分条件较好时可生长为青檀林。

青檀分布范围狭窄而且群系面积较小，是我国特有的单种属，也是国家三级保护植物，对研究榆科系统发育有很高的学术价值。青檀茎皮、枝皮纤维为制造驰名国内外的书画宣纸的优质原料；青檀木材坚实、致密、韧性强、耐磨损，可作为家具、农具、绘图板及细木工用材。青檀还可作为石灰岩山地的造林树种，具有较高的保护价值，应大力扩大种植。对现有的青檀林要严禁砍伐，促进更新，其古树更应重点保护。

（4）沙棘灌丛

沙棘灌丛主要分布在海拔 1 200～1 800 m 的地区，耐寒、耐旱。百花山地区是沙棘灌丛自然分布的最东界。土壤多为棕壤或淋溶褐土。

沙棘根系有根瘤菌，可以肥育土壤，且生长迅速，很快就能形成郁闭的灌丛，具有良好的改良土壤和水土保持作用；沙棘果实酸甜，富含多种维生素，可加工成果汁饮料；沙棘还是速生的灌木薪炭林及优良饲料。目前，研究区的沙棘灌丛多为野生，也有人工栽培，主要用于生产沙棘汁饮料，具有较高的经济价值。

（5）野皂荚灌丛

野皂荚灌丛在研究区的分布面积不小，但范围比较集中，主要分布于昌平区流村镇至门头沟区雁翅镇、斋堂镇一带，在房山区河北镇、昌平区大杨山以及易县易水湖也有分布。

人类活动对野皂荚灌丛的形成起重要作用，野皂荚灌丛或由人类砍伐森林直接形成，或由人为破坏次生灌丛的其他种类间接形成。野皂荚多生于黄土母质丘陵和石灰岩多石山坡，生境恶劣，对保持水土有着重要意义。此外，野皂荚的种子是一种天然化工原料，用它可以生产羟乙基龙胶粉，是一种高科技、高附加值产品，广泛应用于石油钻探、纺织印染、医药、食品等行业，其副产品胡里豆粉是高蛋白饲料，具有很高的经济价值。

（6）密齿柳灌丛

密齿柳灌丛分布范围比较狭窄，仅分布在小五台山地区海拔 2 000～2 300 m 的山地上部和坡顶，为原始森林植被遭到破坏后形成的次生植被。密齿柳灌丛位于针叶林和亚高山草甸之间，是小五台山地区山地植被垂直带谱上的重要群系。但由于其所处海拔较高，条件恶劣，经常受大风、冷冻等侵害，因此密齿柳相对低矮，生长状况一般较差。在灌丛带内部有云杉幼苗，未来有可能被云杉林代替。

6.3.4　优先保护草原和草甸群系

（1）长芒草草原

长芒草草原又称本氏针茅草原，是我国草原类型中受农业影响最严重的类型，主要分布在有长期农业种植历史、土地被广泛开垦的黄土高原地区，分布范围可延伸至华北平原边缘，本研究区仅在西北部有零星分布。由于这些地区开垦历史久远，原生的长芒草草原基本已经被破坏殆尽，极少有大面积的分布，仅在不适宜耕种的陡坡、田边以及墓地等周围有部分残存。

长芒草草原是我国针茅草原中唯一被评估为"濒危"的生态系统类型，具有严重的崩溃危机。据记载，西藏雅鲁藏布江谷地历史上曾有大面积的长芒草草原分布，但现在基本已经绝迹。因此，作为长芒草草原在我国分布的最东端，本区域的长芒草草原需要重点关注。

（2）金莲花杂类草草甸

金莲花杂类草草甸主要分布于海拔 2 000 m 以上的山顶草甸地区。群落内生物多样性较高。有些金莲花杂类草草甸在不同的季节花朵竞相绽放，形成壮观的"五花草甸"，外貌华丽。金莲花具有较高的观赏价值和一定的药用价值，因此被破坏、采摘的情况比较严重。北京地区的金莲花杂类草草甸原来仅在百花山和喇叭沟门等地有自然分布，但据调查，喇叭沟门的金莲花已经消失。目前，河北小五台山、驼梁等地的金莲花杂类草草甸干扰也比较严重，需要重点保护。

6.3.5　优先保护沼泽群系

黑三棱沼泽：

黑三棱为北京市二级保护植物。本区域黑三棱沼泽的分布范围相对较为狭窄，主要分布在怀沙河—怀九河、妫河、拒马河等地。

黑三棱在富营养化水体中生长茂盛，群落密度一般比较大，群落以黑三棱为优势种，群落高约 1 m，盖度为 40%～90%。黑三棱沼泽还是许多水鸟以及两栖类动物的重要栖息地，是沼泽植被中需要重点保护的群系类型。

参考文献

[1] Adam E，Mutanga O，Rugege D. Multispectral and hyperspectral remote sensing for identification and mapping of wetland vegetation：a review[J]. Wetlands Ecology Management，2013，18（3）：281-296.

[2] Feng X，Fu B，Piao S，et al. Revegetation in China's Loess Plateau is approaching sustainable water resource limits[J]. Nature Climate Change，2016，6（11）：1019-1022.

[3] Lee J，Shuai Y，Zhu Q. Using images combined with DEM in classifying forest vegetations[J]. Geoscience and Remote Sensing Symposium，2004. IGARSS'04. Proceedings. 2004 IEEE International，2004.

[4] Li S，Yang B，Wu D. Community succession analysis of naturally colonized plants on coal gob piles in Shanxi mining areas，China[J]. Water Air & Soil Pollution，2008，193（1-4）：211-228.

[5] Rodriguez-Galiano V F，Chica-Olmo M，Abarca-Hernandez F，et al. Random Forest classification of Mediterranean land cover using multi-seasonal imagery and multi-seasonal texture[J]. Remote Sensing of Environment，2012，121：1-107.

[6] Wang H，Wang C，Wu H. Using GF-2 imagery and the conditional random field model for urban forest cover mapping[J]. Remote Sensing Letters，2016，7（4）：378-387.

[7] Wright & Robert. Remote sensing techniques in vegetation mapping—A review of some uses and limitations[J]. Transactions of the Botanical Society of Edinburgh，1973，42（1）：69-81.

[8] Xie Y，Sha Z，Yu M. Remote sensing imagery in vegetation mapping：a review[J]. Journal of Plant Ecology，2008，1（1）：9-23.

[9] Yang Y，Watanabe M，Li F，et al. Factors affecting forest growth and possible effects of climate change in the Taihang Mountains，northern China[J]. Forestry：An International Journal of Forest Research，2006，79（1）：135-147.

[10] Zhang J，Xi Y，Li J. The relationships between environment and plant communities in the middle part of Taihang Mountain Range，North China[J]. Community Ecology，2006，7（2）：155-163.

[11] 白顺江，谷建才，毛富玲. 雾灵山森林生物多样性及生态服务功能价值仿真研究[D] 北京：北京林业大学，2006.

[12] 鲍林林，黄磊，王学东，等. 雾灵山低山区油松林物种多样性初探[J].北方环境，2011，23（4）：

102-104.

[13] 北京百花山自然保护区科考组. 北京百花山自然保护区科学考察报告[R].北京，2003.

[14] 柴永福，许金石，刘鸿雁，等. 华北地区主要灌丛群落物种组成及系统发育结构特征[J].植物生态学报，2019，43（9）：793-805.

[15] 陈君颖，田庆久. 高分辨率遥感植被分类研究[J]. 遥感学报，2007，11（2）：221-227.

[16] 陈灵芝等. 中国植物区系与植被地理[M]. 北京：科学出版社，2014.

[17] 池建，邓华锋，李金良. 八仙山自然保护区植被动态监测[J]. 林业调查规划，2006，31（1）：54-57.

[18] 迟妍妍，许开鹏，王晶晶，等. 京津冀地区生态空间识别研究[J].生态学报，2018，38（23）：8555-8563.

[19] 丛明旸，石会平，张小锟，等. 八仙山国家级自然保护区典型森林群落结构及物种多样性研究[J]. 南开大学学报（自然科学版），2013（4）：44-52.

[20] 崔国发，邢韶华. 北京喇叭沟门自然保护区综合科学考察报告[M]. 北京：中国林业出版社，2009.

[21] 崔国发. 北京山地植物和植被保护研究[M]. 北京：中国林业出版社，2008.

[22] 董厚德. 辽宁植被与植被区划[M]. 沈阳：辽宁大学出版社，2011.

[23] 董雷，王静，刘永刚，等. 太行山北段地区荆条和三裂绣线菊灌丛群落谱系结构[J]. 生物多样性，2021，29（1）：21-31.

[24] 杜连海. 北京松山自然保护区综合科学考察报告[M]. 北京：中国林业出版社，2012.

[25] 方精云，王襄平，沈泽昊，等. 植物群落清查的主要内容、方法和技术规范[J]. 生物多样性，2009，17（6）：533-548.

[26] 冯琦胜，修丽娜，梁天刚. 基于 CSCS 的中国现存自然植被分布研究[J]. 草业学报，2013，22（3）：16-24.

[27] 高润科. 河北省雾灵山土壤考察报告[J].华北农学报，1964（1）：60.

[28] 关文彬，陈铁，董亚杰，等. 东北地区植被多样性的研究.Ⅰ. 寒温带针叶林区域垂直植被多样性分析[J]. 应用生态学报，1997，8（5）：465-470.

[29] 郭柯，方精云，王国宏，等. 中国植被分类系统修订方案[J]. 植物生态学报，2020，44：111-127.

[30] 郭青枝，郭春燕. 五台山植被的现状及保护对策[J]. 五台山研究，2002（4）：30-32.

[31] 韩飞腾. 河北唐县大茂山主要森林群落植物物种多样性研究[D]. 保定：河北农业大学，2015.

[32] 河北植被编辑委员会. 河北植被[M]. 北京：科学出版社，1996.

[33] 贺士元，邢其华，尹祖棠，等. 北京植物志[M].北京：北京出版社，1984.

[34] 河北植物志编辑委员会. 河北植物志[M].石家庄：河北科学技术出版社，1986.

[35] 侯庸，王桂青，张良. 阜平驼梁山区灌丛植被的研究[J].河北林果研究，2000（4）：318-324.

[36] 胡实，赵茹欣，贾仰文，等. 中国典型山地植被垂直带性特征及其影响要素[J].自然杂志，2018，40（1）：12-16.

[37] 黄萍. 北京松山油松天然更新影响因素研究[D]. 北京：北京林业大学，2018.

[38] 黄晓霞，韩京薩，刘全儒，等. 小五台亚高山草甸植物地上生物量及其营养成分研究[J].草业科学，2008（11）：5-12.

[39] 贾贵金，李剑平，张薇，等. 河北驼梁自然保护区主要森林植被资源调查[J].河北林业科技，2015（5）：33-35.

[40] 江源，赵海霞，刘肖骢，等. 人类活动对北京东灵山山顶草甸植被的影响及草甸植被的保育对策[J].地球科学进展，2002（2）：235-240.

[41] 焦珑，王学东，黄磊，等. 雾灵山土壤垂直分布类型及其剖面特征[J].首都师范大学学报（自然科学版），2011，32（3）：69-72.

[42] 亢海英. 小五台山亚高山草甸植被现状与恢复研究[J].河北林业科技，2016（5）：86-87.

[43] 况亮，秦玮，董世魁，等. 公路建设对雾灵山自然保护区植被的影响[J].生态学杂志，2010，29（1）：146-151.

[44] 雷霆，崔国发. 北京湿地植物研究[D]. 北京：中国林业出版社，2010.

[45] 李东义，郭文增，周秀珍，等. 雾灵山森林植被类型分析[J]. 河北林果研究，2000（S1）：49-55.

[46] 李军玲，张金屯. 太行山中段植物群落物种多样性与环境的关系[J].应用与环境生物学报，2006（6）：766-771.

[47] 李俊生. 中国陆域生物多样性保护优先区域[M]. 北京：科学出版社，2016.

[48] 李炜民. 风景名胜区植被景观现状与恢复研究——以北京东灵山、百花山风景名胜区为例[J].科学技术与工程，2006（24）：3881-3887.

[49] 刘凤芹，杨新兵，王晓燕，等. 河北雾灵山自然保护区蒙古栎林空间结构分析[J].林业资源管理，2010（6）：60-64，108.

[50] 刘红霞，谷建才，鲁绍伟，等. 小五台森林群落特征及林下物种多样性研究[J].中国农学通报，2009，25（4）：97-100.

[51] 刘华民，吴绍洪，郑度，等. 潜在自然植被研究与展望[J]. 地理科学进展，2004，23（1）：62-70.

[52] 刘海强.庞泉沟自然保护区植被数量生态研究[D].山西：山西大学，2013.

[53] 刘建中，奚为民. 雾灵山主要植被类型及垂直分布规律[J]. 首都师范大学学报（自然科学版），1997（1）：95-103.

[54] 刘启慎，刘双绂. 太行山林业生态[M]. 郑州：河南科学技术出版社，1995.

[55] 刘晓. 北京东灵山亚高山草甸维管植物区系与多样性研究[D]. 北京：北京林业大学，2011.

[56] 刘雪雁，刘祥，李夏云，等. 雾灵山东大石沟胡桃楸群落特征研究[J]. 首都师范大学学报（自然科学版），2013，34（5）：91-96.

[57] 刘增力，郑成洋，方精云. 河北小五台山主要植被类型的分布与地形的关系：基于遥感信息的分析[J].生物多样性，2004（1）：146-154.

[58] 吕国旭，陈艳梅，邹长新，等. 京津冀植被退化的空间格局及人为驱动因素分析[J]. 生态与农村环

境学报，2017，33（5）：417-425.

[59] 马比西. 北京东灵山主要植被类型植物多样性分析[D]. 北京：北京林业大学，2015.

[60] 马建章，戎可，程鲲. 中国生物多样性就地保护的研究与实践[J]. 生物多样性，2012，20（5）：551-558.

[61] 马晓勇，上官铁梁，张峰. 山西恒山温带草原与暖温带落叶阔叶林交错区植被生态研究[J]. 生态学报，2006（10）：3372-3379.

[62] 马子清. 山西植被[M]. 北京：中国科学技术出版社，2001.

[63] 孟祥普. 雾灵山植被垂直分布状况[J]. 河北林业科技，2001，1：41-42.

[64] 莫菲，李叙勇，贺淑霞，等. 东灵山林区不同森林植被水源涵养功能评价[J].生态学报，2011，31（17）：5009-5016.

[65] 庞江倩. 北京统计年鉴[M]. 北京：中国统计出版社，2018.

[66] 平凡，郭逍宇，徐建英，等. 基于数量分类与排序的雾灵山亚高山草甸群落生态关系分析[J]. 首都师范大学学报（自然科学版），2014，35（6）：56-63.

[67] 乔鲜果. 中国针茅草原群落生态学研究[D]. 北京：中国科学院大学，2019.

[68] 任卫红. 油松刺槐混交林对赤松毛虫抗性的初步研究[D]. 北京：北京林业大学，2006.

[69] 任宪威，施光孚，高武，等. 松山自然保护区考察专集[M]. 哈尔滨：东北林业大学出版社，1990.

[70] 邵丹. 云蒙山国家森林公园植被的多样性研究[D]. 北京：北京师范大学，2014.

[71] 沈瑞祥，骆有庆，杨旺. 我国人工林病虫害现状及控制对策[J]. 世界农业，2000（9）：36-37

[72] 石清峰. 太行山主要水土保持植物及其培育[M]. 北京：中国林业出版社，1994.

[73] 石清峰，杨立文，张金香，等. 太行山不同植被类型水土保持功能研究[J]. 河北林业科技，2003，（2）：9-13.

[74] 宋朝枢，郑建旭，等. 河北小五台山自然保护区综合科学考察报告[R]. 2003.

[75] 宋朝枢，蒋瑞海. 河北大海陀自然保护区科学考察集[M]. 北京：中国林业出版社，2002.

[76] 谭莉梅，李红军，刘慧涛，等. 河北省太行山区域耕地资源空间分布特征研究[J].中国生态农业学报，2010，18（4）：872-875.

[77] 唐丽丽，杨彤，刘鸿雁，等. 华北地区荆条灌丛分布及物种多样性空间分异规律[J]. 植物生态学报，2019，43（9）：825-833.

[78] 王德艺，郭文增，周秀珍，等. 雾灵山自然保护区森林群落的聚类与排序[J]. 河北林果研究，1997（4）：14-19.

[79] 王德艺，李义东，冯学全. 暖温带森林生态系统[M]. 北京：中国林业出版社，2003.

[80] 王槐. 河北雾灵山植被概况[J]. 植物生态学与地植物学丛刊，1982，6：81-83.

[81] 王乐，董雷，赵志平，等. 太行山生物多样性保护优先区域京津冀地区植被多样性与植被制图[J]. 中国科学：生命科学，2021，51（3）：289-299.

[82] 王乐，董雷，胡天宇，等. 中国植被图编研历史回顾与展望[J]. 中国科学：生命科学，2021，51（3）：219-228.

[83] 王美平. 小五台山国家级自然保护区植被垂直分布特点[J].绿色科技，2018（6）：151，155.

[84] 王苏铭. 北京地区外来入侵植物种类、分布格局及其影响因素研究[D]. 北京：北京林业大学，2012

[85] 王天罡. 天津八仙山自然保护区植物多样性及其保护研究[D]. 北京：北京林业大学，2007.

[86] 王璇，陈国科，郭柯，等. 1∶1 000 000 中国植被图森林和灌丛群系类型的补充资料[J]. 生物多样性，2019，27（10）：1138-1142.

[87] 王志臣，马国青，王九中. 北京百花山保护区生物多样性研究[M]. 北京：北京出版社，2009.

[88] 王宗明，国志兴，宋开山，等. 中国东北地区植被 NDVI 对气候变化的响应[J]. 生态学杂志，2009，28（6）：1041-1048.

[89] 吴晓华，等. 河北经济年鉴[M]. 北京：中国统计出版社，2018.

[90] 吴晓甫，土志恒，崔海亭，等. 北京山区栎林的群落结构与物种组成[J].生物多样性，2004（1）：155-163.

[91] 吴征镒. 中国植被[M]. 北京：科学出版社，1980.

[92] 吴雍欣. 北京地区生物多样性评价研究[D]. 北京：北京林业大学，2010.

[93] 夏亚军. 雾灵山亚高山草甸植被研究[J]. 河北林业科技，2011（3）：20-21.

[94] 向春玲，张金屯. 北京百花山旅游活动与植被环境的关系[J].亚热带植物科学，2013，42（1）：10-14.

[95] 邢韶华. 北京市雾灵山自然保护区综合科学考察报告[M]. 北京：中国林业出版社，2013.

[96] 邢韶华，武占军，王楠. 河北大海陀国家级自然保护区综合科学考察报告[R]. 北京：中国林业出版社，2017.

[97] 许彬，张金屯，杨洪晓，等. 百花山植物群落物种多样性研究[J].植物研究，2007（1）：112-118.

[98] 徐学华，张金柱，张慧，等. 太行山片麻岩区植被恢复过程中物种多样性与土壤水分效益分析[J]. 水土保持学报，2007，21（2）：133-136，174.

[99] 徐畅，齐烟舟，徐进. 百花山地区植物群落物种多样性分析[J].北方环境，2011，23（11）：222，254.

[100] 徐新良，刘纪远，张树文，等. 中国多时期土地利用土地覆被遥感监测数据集（CNLUCC）[OB]. 资源环境科学数据注册与出版系统（http：//www.resdc.cn/DOI），2018-07-02.DOI：10.12078/2018070201.

[101] 薛朝浪，赵宇鸾，魏小芳，等. 基于 CCA 的太行山区土地利用变化驱动机制分析[J]. 贵州师范大学学报（自然科学版），2019，37（1）：93-103

[102] 薛达元，武建勇，赵富伟. 中国履行《生物多样性公约》二十年：行动、进展与展望[J]. 生物多样性，2012，20（5）：623-632

[103] 闫娜，陈彤，陈云丽，等. 雾灵山自然保护区胡桃楸种群结构特征分析[J]. 首都师范大学学报（自然科学版），2014，35（6）：64-67，81.

[104] 杨永辉，王智平，佐仓保夫，等. 全球变暖对太行山植被生产力及土壤水分的影响[J]. 应用生态学报，2002，13（6）：667-671.

[105] 杨思佳，李明玥，史宝胜. 河北小五台山自然保护区群落结构及景观质量研究[J].西部林业科学，2018，47（4）：74-79.

[106] 仰素琴. 小五台自然保护区野生植物资源及利用[J]. 河北林业科技，2014（1）：65-67.

[107] 于澎涛，刘鸿雁，崔海亭. 小五台山北台林线附近的植被及其与气候条件的关系分析[J]. 应用生态学报，2002（5）：523-528.

[108] 余新晓，张晓明，王雄宾. 北京山区天然灌丛植被群落特征与演替规律[J]. 北京林业大学学报，2008（S2）：107-111.

[109] 岳永杰，余新晓，牛丽丽，等. 北京雾灵山植物群落结构及物种多样性特征[J]. 北京林业大学学报，2008，30（S2）：165-170.

[110] 岳永杰，余新晓，武军，等. 北京山区天然次生林种群空间分布的点格局分析——以雾灵山自然保护区为例[J]. 中国水土保持科学，2008（3）：59-64.

[111] 张博雅，陈美兰，刘东，等. 百花山国家级自然保护区生态旅游资源评价[J]. 东北林业大学学报，2016，44（7）：70-75.

[112] 张春霞. 水土保持灌木——荆条的生物生态学特性初步研究[D]. 北京：北京林业大学，2007.

[113] 张金屯. 五台山植被类型及分布[J].山西大学学报（自然科学版），1986（2）：87-91.

[114] 张谧，李均涛，韩烁，等. 雾灵山植物区系的垂直分布格局[J]. 北京师范大学学报，2008，44（1）：77-80.

[115] 张启，秦安臣，吴京民，等. 旅游强度对雾灵山自然保护区植被的影响[J]. 河北林果研究，2004，03：256-260.

[116] 张启. 人为活动强度与雾灵山森林公园生态系统健康关系的研究[D]. 保定：河北农业大学，2004.

[117] 张全国，张大勇. 生物多样性与生态系统功能：进展与争论[J]. 生物多样性，2002，10（1）：49-60

[118] 张维康，李贺，王国宏. 北京西北部山地两个垂直样带内主要植被类型的群落特征[J]. 植物生态学报，2013，37（6）：566-570.

[119] 张新时. 植被的 PE（可能蒸散）指标与植被－气候分类（二）——几种主要方法与 PEP 程序介绍[J]. 植物生态学与地植物学学报，1989，13（3）：197-204.

[120] 张新时. 中国植被及其地理格局[J]. 北京：地质出版社，2007.

[121] 张智婷. 河北省自然保护区规划和管理有效性评估[D]. 保定：河北农业大学，2009.

[122] 张志旭. 河北雾灵山自然保护区森林生态系统服务功能价值评估[D]. 北京：北京林业大学，2013.

[123] 赵勃. 北京山区植物多样性研究[D]. 北京：北京林业大学，2005.

[124] 赵诚. 百花山森林资源环境价值评估分析[J]. 陕西林业科技，2012（1）：8-12.

[125] 赵方莹，刘飞，程婕，等. 北京市灵山亚高山草甸植被群落特征[J].水土保持通报，2016，36（3）：

165-171.

[126] 赵建成. 小五台山植物志[M]. 北京：科学出版社，2011.

[127] 赵建成，吴跃峰，关文兰. 河北驼梁自然保护区科学考察与生物多样性研究[M]. 北京：科学出版社，2008.

[128] 赵良平. 燕山山地森林植被恢复与重建理论和技术研究[D]. 南京. 南京林业大学，2007.

[129] 赵娜，鲁绍伟，李少宁，等. 北京松山自然保护区典型植物群落物种多样性研究[J]. 西北植物学报，2018，38（11）：2120-2128.

[130] 郑钧宝. 河北森林[M]. 北京：中国林业出版社，1988.

[131] 郑博颖. 驼梁自然保护区野生观赏植物的研究[J]. 现代农村科技，2010（19）：45-46.

[132] 中国植被编辑委员会. 中国植被[M]. 北京：科学出版社，1980.

[133] 中国科学院内蒙古宁夏综合考察队. 内蒙古植被[M]. 北京：科学出版社，1985.

[134] 中国科学院中国植被图编辑委员会. 中华人民共和国植被图（1：10 000 000）[M]. 北京：地质出版社，2007.

[135] 中华人民共和国生态环境部. 关于发布《中国生物多样性保护优先区域范围》的公告（http://www.mee.gov.cn/gkml/hbb/bgg/201601/t20160105_321061.htm），2015.

[136] 朱华. 北京百花山大阴坡植被垂直分带方法的探讨[J]. 北京林业大学学报，1997（4）：61-65.

[137] 朱敏，刘晓东，李璇皓，等. 北京西山油松林可燃物调控的影响评价[J]. 生态学报，2015，35（13）：248-256.

[138] 朱珣之，张金屯. 中国山地植物多样性的垂直变化格局[J]. 西北植物学报，2005，25（7）：1480-1486.

[139] 朱政德. 河北雾灵山龙潭沿一带的森林情况及其经营之意见[J]. 南京林业大学学报（自然科学版），1959，2（1）：95-101.

附　录

附录 1　主要群系类型景观图

华北落叶松林（Alliance. *Larix principis-rupprechtii*）

油松林（Alliance. *Pinus tabuliformis*）

侧柏林（Alliance. *Platycladus orientalis*）

蒙古栎林（Alliance. *Quercus mongolica*）

栓皮栎林（Alliance.*Quercus variabilis*）

白桦林（Alliance. *Betula platyphylla*）

黑桦林（Alliance. *Betula dahurica*）

山杨林（Alliance. *Populus davidiana*）

人工杨树（*Populus* spp.）林

旱柳林（Alliance. *Salix matsudana*）

山杏灌丛（Alliance. *Armeniaca sibirica*）

荆条灌丛（Alliance. *Vitex negundo* var. *heterophylla*）

鹅耳枥灌丛（Alliance. *Carpinus turczaninowii*）

绣线菊灌丛（Alliance. *Spiraea* spp.）

虎榛子灌丛（Alliance. *Ostryopsis davidiana*）

大果榆灌丛（Alliance. *Ulmus macrocarpa*）

小叶白蜡（*Fraxinus bungeana*）+卵叶鼠李（*Rhamnus bungeana*）灌丛

山蒿灌丛（Alliance. *Artemisia brachyloba*）

卵叶鼠李灌丛（Alliance. *Rhamnus bungeana*）

河朔荛花灌丛（Alliance. *Wikstroemia chamaedaphne*）

铁杆蒿草原（Alliance. *Artemisia sacrorum*）

嵩草（Alliance. *Kobresia bellardii* ）＋ 薹草（*Carex* spp.）草甸

芦苇沼泽（Alliance. *Phragmites australis*）

千屈菜沼泽（Alliance. *Lythrum salicaria*）

附录2 主要植被类型土壤剖面图

油松林

落叶松林

蒙古栎林

刺槐林

河朔荛花灌丛

山蒿灌丛

红丁香灌丛

小叶白蜡+卵叶鼠李灌丛

卵叶鼠李灌丛

主要群系类型土壤剖面图

附录 3 主要群系类型影像特征

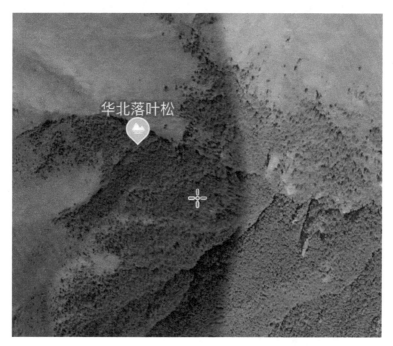

华北落叶松（*Larix principis-rupprechtii*）林影像特征

人工侧柏（*Platycladus orientalis*）林影像特征（冬季）

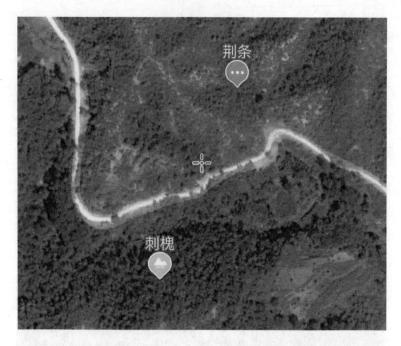

刺槐（*Robinia pseudoacacia*）林和荆条（*Vitex negundo* var. *heterophylla*）灌丛影像特征

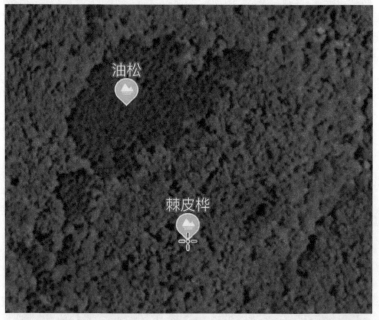

油松（*Pinus tabuliformis*）林和黑桦（*Betula dahurica*）林影像特征

铁杆蒿（*Artemisia sacrorum*）草原和沙棘（*Hippophae rhamnoides*）灌丛影像特征

附录 4　植被分类系统表

植被型组 （Vegetation Formation Group）	植被型 （Vegetation Formation）	群系（Alliance）
森林	落叶针叶林	华北落叶松（*Larix principis-rupprechtii*）林
森林	常绿针叶林	青扦（*Picea wilsonii*）林
森林	常绿针叶林	白扦（*Picea meyeri*）林
森林	常绿针叶林	臭冷杉（*Abies nephrolepis*）林
森林	常绿针叶林	油松（*Pinus tabuliformis*）林
森林	常绿针叶林	侧柏（*Platycladus orientalis*）林
森林	常绿针叶林	杜松（*Juniperus rigida*）林
森林	针叶与阔叶混交林	华北落叶松（*Larix principis-rupprechtii*）+白桦（*Betula platyphylla*）林
森林	针叶与阔叶混交林	华北落叶松（*Larix principis-rupprechtii*）+红桦（*Betula albosinensis*）林
森林	针叶与阔叶混交林	油松（*Pinus tabuliformis*）+蒙古栎（*Quercus mongolica*）林
森林	针叶与阔叶混交林	油松（*Pinus tabuliformis*）+刺槐（*Robinia pseudoacacia*）林
森林	落叶阔叶林	白桦（*Betula platyphylla*）林
森林	落叶阔叶林	黑桦（*Betula dahurica*）林
森林	落叶阔叶林	硕桦（*Betula costata*）林
森林	落叶阔叶林	糙皮桦（*Betula utilis*）林
森林	落叶阔叶林	蒙古栎（*Quercus mongolica*）林
森林	落叶阔叶林	蒙古栎（*Quercus mongolica*）+桦树（*Betula* spp.）林
森林	落叶阔叶林	蒙古栎（*Quercus mongolica*）+山杨（*Populus davidiana*）林
森林	落叶阔叶林	槲树（*Quercus dentata*）林
森林	落叶阔叶林	蒙椴（*Tilia mongolica*）林
森林	落叶阔叶林	紫椴（*Tilia amurensis*）林
森林	落叶阔叶林	山杨（*Populus davidiana*）林
森林	落叶阔叶林	山杨（*Populus davidiana*）+桦树（*Betula* spp.）林
森林	落叶阔叶林	人工杨树（*Populus* spp.）林
森林	落叶阔叶林	黄檗（*Phellodendron amurense*）林
森林	落叶阔叶林	旱柳（*Salix matsudana*）林
森林	落叶阔叶林	胡桃楸（*Juglans mandshurica*）林
森林	落叶阔叶林	大叶白蜡（*Fraxinus rhynchophylla*）林
森林	落叶阔叶林	元宝槭（*Acer truncatum*）林
森林	落叶阔叶林	大果榆（*Ulmus macrocarpa*）林
森林	落叶阔叶林	榆树（*Ulmus pumila*）林
森林	落叶阔叶林	青檀（*Pteroceltis tatarinowii*）林
森林	落叶阔叶林	暴马丁香（*Syringa reticulata* subsp. *amurensis*）林

植被型组 （Vegetation Formation Group）	植被型 （Vegetation Formation）	群系（Alliance）
森林	落叶阔叶林	臭椿（*Ailanthus altissima*）林
森林	落叶阔叶林	刺槐（*Robinia pseudoacacia*）林
森林	落叶阔叶林	红桦（*Betula albosinensis*）林
森林	落叶阔叶林	栓皮栎（*Quercus variabilis*）林
灌丛	落叶阔叶灌丛	金露梅（*Potentilla fruticosa*）灌丛
灌丛	落叶阔叶灌丛	鬼箭锦鸡儿（*Caragana jubata*）灌丛
灌丛	落叶阔叶灌丛	荆条（*Vitex negundo* var. *heterophylla*）灌丛
灌丛	落叶阔叶灌丛	荆条（*Vitex negundo* var. *heterophylla*）+酸枣（*Ziziphus jujuba* var. *spinosa*）灌丛
灌丛	落叶阔叶灌丛	荆条（*Vitex negundo* var. *heterophylla*）+侧柏（*Platycladus orientalis*）灌丛
灌丛	落叶阔叶灌丛	山杏（*Armeniaca sibirica*）灌丛
灌丛	落叶阔叶灌丛	山杏（*Armeniaca sibirica*）+荆条（*Vitex negundo* var. *heterophylla*）灌丛
灌丛	落叶阔叶灌丛	山桃（*Amygdalus davidiana*）灌丛
灌丛	落叶阔叶灌丛	山桃（*Amygdalus davidiana*）+荆条（*Vitex negundo* var. *heterophylla*）灌丛
灌丛	落叶阔叶灌丛	大果榆（*Ulmus macrocarpa*）灌丛
灌丛	落叶阔叶灌丛	榆树（*Ulmus pumila*）灌丛
灌丛	落叶阔叶灌丛	蒙古栎（*Quercus mongolica*）灌丛
灌丛	落叶阔叶灌丛	三裂绣线菊（*Spiraea trilobata*）灌丛
灌丛	落叶阔叶灌丛	土庄绣线菊（*Spiraea pubescens*）灌丛
灌丛	落叶阔叶灌丛	毛花绣线菊（*Spiraea dasyantha*）灌丛
灌丛	落叶阔叶灌丛	毛花绣线菊（*Spiraea dasyantha*）+照山白（*Rhododendron micranthum*）灌丛
灌丛	落叶阔叶灌丛	绣线菊（*Spiraea* spp.）灌丛
灌丛	落叶阔叶灌丛	虎榛子（*Ostryopsis davidiana*）灌丛
灌丛	落叶阔叶灌丛	平榛（*Corylus heterophylla*）灌丛
灌丛	落叶阔叶灌丛	河朔荛花（*Wikstroemia chamaedaphne*）灌丛
灌丛	落叶阔叶灌丛	河朔荛花（*Wikstroemia chamaedaphne*）+荆条（*Vitex negundo* var. *heterophylla*）灌丛
灌丛	落叶阔叶灌丛	红丁香（*Syringa villosa*）灌丛
灌丛	落叶阔叶灌丛	暴马丁香（*Syringa reticulata* subsp. *amurensis*）灌丛
灌丛	落叶阔叶灌丛	丁香（*Syringa* spp.）灌丛
灌丛	落叶阔叶灌丛	山蒿（*Artemisia brachyloba*）灌丛
灌丛	落叶阔叶灌丛	六道木（*Abelia biflora*）灌丛
灌丛	落叶阔叶灌丛	卵叶鼠李（*Rhamnus bungeana*）灌丛

植被型组 （Vegetation Formation Group）	植被型 （Vegetation Formation）	群系（Alliance）
灌丛	落叶阔叶灌丛	大叶白蜡（*Fraxinus rhynchophylla*）灌丛
灌丛	落叶阔叶灌丛	小叶白蜡（*Fraxinus bungeana*）灌丛
灌丛	落叶阔叶灌丛	小叶白蜡（*Fraxinus bungeana*）+卵叶鼠李（*Rhamnus bungeana*）灌丛
灌丛	落叶阔叶灌丛	蚂蚱腿子（*Myripnois dioica*）灌丛
灌丛	落叶阔叶灌丛	小花扁担杆（*Grewia biloba* var. *parviflora*）灌丛
灌丛	落叶阔叶灌丛	野皂荚（*Gleditsia microphylla*）灌丛
灌丛	落叶阔叶灌丛	黄栌（*Cotinus coggygria*）灌丛
灌丛	落叶阔叶灌丛	黄栌（*Cotinus coggygria*）+小叶白蜡（*Fraxinus bungeana*）灌丛
灌丛	落叶阔叶灌丛	少脉雀梅藤（*Sageretia paucicostata*）灌丛
灌丛	落叶阔叶灌丛	胡枝子（*Lespedeza bicolor*）灌丛
灌丛	落叶阔叶灌丛	大花溲疏（*Deutzia grandiflora*）灌丛
灌丛	落叶阔叶灌丛	木香薷（*Elsholtzia stauntonii*）灌丛
灌丛	落叶阔叶灌丛	坚桦（*Betula chinensis*）灌丛
灌丛	落叶阔叶灌丛	沙棘（*Hippophae rhamnoides*）灌丛
灌丛	落叶阔叶灌丛	密齿柳（*Salix characta*）灌丛
灌丛	落叶阔叶灌丛	杠柳（*Periploca sepium*）灌丛
灌丛	落叶阔叶灌丛	青檀（*Pteroceltis tatarinowii*）灌丛
灌丛	落叶阔叶灌丛	鹅耳枥（*Carpinus turczaninowii*）灌丛
灌丛	常绿革叶灌丛	照山白（*Rhododendron micranthum*）灌丛
草原	丛生草类草原	大针茅（*Stipa grandis*）草原
草原	丛生草类草原	长芒草（*Stipa bungeana*）草原
草原	根茎草类草原	羊草（*Leymus chinensis*）草原
草原	半灌木与小半灌木草原	铁杆蒿（*Artemisia sacrorum*）草原
草原	半灌木与小半灌木草原	华北米蒿（*Artemisia giraldii*）草原
草甸与草丛	丛生草类草甸	薹草（*Carex* spp.）草甸
草甸与草丛	丛生草类草甸	早熟禾（*Poa* spp.）草甸
草甸与草丛	根茎草类草甸	野青茅（*Deyeuxia arundinacea*）草甸
草甸与草丛	根茎草类草甸	嵩草（*Kobresia bellardii*）+薹草（*Carex* spp.）草甸
草甸与草丛	根茎草类草甸	大披针薹草（*Carex lanceolata*）+地榆（*Sanguisorba officinalis*）草甸
草甸与草丛	根茎草类草甸	长芒稗（*Echinochloa caudata*）草甸
草甸与草丛	根茎草类草甸	大叶章（*Deyeuxia purpurea*）草甸
草甸与草丛	杂类草草甸	龙牙草（*Agrimonia pilosa*）草甸
草甸与草丛	杂类草草甸	地榆（*Sanguisorba officinalis*）草甸
草甸与草丛	杂类草草甸	拳蓼（*Polygonum bistorta*）草甸

植被型组 （Vegetation Formation Group）	植被型 （Vegetation Formation）	群系（Alliance）
草甸与草丛	杂类草草甸	辽藁本（*Ligusticum jeholense*）+地榆（*Sanguisorba officinalis*）杂类草草甸
草甸与草丛	杂类草草甸	地榆（*Sanguisorba officinalis*）+金莲花（*Trollius chinensis*）杂类草草甸
草甸与草丛	杂类草草甸	苍耳（*Xanthium sibiricum*）杂类草草甸
草甸与草丛	草丛	白羊草（*Bothriochloa ischaemum*）草丛
草甸与草丛	草丛	大油芒（*Spodiopogon sibiricus*）草丛
草甸与草丛	草丛	黄背草（*Themeda triandra*）草丛
沼泽与水生植被	草本沼泽	头状穗莎草（*Cyperus glomeratus*）沼泽
沼泽与水生植被	草本沼泽	扁秆藨草（*Scirpus planiculmis*）沼泽
沼泽与水生植被	草本沼泽	芦苇（*Phragmites australis*）沼泽
沼泽与水生植被	草本沼泽	香蒲（*Typha orientalis*）沼泽
沼泽与水生植被	草本沼泽	千屈菜（*Lythrum salicaria*）沼泽
沼泽与水生植被	草本沼泽	黑三棱（*Sparganium stoloniferum*）沼泽
沼泽与水生植被	草本沼泽	酸膜叶蓼（*Polygonum lapathifolium*）沼泽
沼泽与水生植被	水生植被	莲（*Nelumbo nucifera*）群落
农业植被	粮食作物	玉米、小麦、高粱、黍及杂粮等
农业植被	油料作物	油葵
农业植被	菜园	白菜、卷心菜等蔬菜
农业植被	果园	苹果、桃、杏、葡萄、柿子、枣、板栗、核桃、山楂等
农业植被	其他经济作物	苗圃
城市植被	城市公园植被	绿地

附录 5　各群系面积及其所占比例

植被型组 (Vegetation Formation Group)	植被型 (Vegetation Formation)	植被图中对应编号 (Code of vegetation map)	群系 (Alliance)	面积 (Area) / km²	比例 (Percentage) / %
森林	落叶针叶林	101	华北落叶松 (Larix principis-rupprechtii) 林	381.52	1.76
森林	常绿针叶林	102	青杆 (Picea wilsonii) 林	0.06	<0.01
森林	常绿针叶林	103	白杆 (Picea meyeri) 林	11.39	0.05
森林	常绿针叶林	104	臭冷杉 (Abies nephrolepis) 林	0.31	<0.01
森林	常绿针叶林	105	油松 (Pinus tabuliformis) 林	1 400.69	6.46
森林	常绿针叶林	106	侧柏 (Platycladus orientalis) 林	1 029.62	4.75
森林	常绿针叶林	107	杜松 (Juniperus rigida) 林	0.20	<0.01
森林	针叶与阔叶混交林	201	华北落叶松 (Larix principis-rupprechtii) +白桦 (Betula platyphylla) 林	39.61	0.18
森林	针叶与阔叶混交林	202	华北落叶松 (Larix principis-rupprechtii) +红桦 (Betula albosinensis) 林	25.38	0.12
森林	针叶与阔叶混交林	203	油松 (Pinus tabuliformis) +蒙古栎 (Quercus mongolica) 林	1.68	0.01
森林	针叶与阔叶混交林	204	油松 (Pinus tabuliformis) +刺槐 (Robinia pseudoacacia) 林	265.82	1.23
森林	落叶阔叶林	301	白桦 (Betula platyphylla) 林	697.35	3.22
森林	落叶阔叶林	302	黑桦 (Betula dahurica) 林	30.62	0.14
森林	落叶阔叶林	303	硕桦 (Betula costata) 林	9.93	0.05
森林	落叶阔叶林	304	红桦 (Betula albosinensis) 林	5.75	0.03
森林	落叶阔叶林	305	糙皮桦 (Betula utilis) 林	0.78	<0.01
森林	落叶阔叶林	306	蒙古栎 (Quercus mongolica) 林	2 693.51	12.42
森林	落叶阔叶林	306a	辽东栎 (Quercus wutaishanica) 林	0.11	<0.01
森林	落叶阔叶林	307	蒙古栎 (Quercus mongolica) +桦树 (Betula spp.) 林	1.93	0.01
森林	落叶阔叶林	308	蒙古栎 (Quercus mongolica) +山杨 (Populus davidiana) 林	3.80	0.02

植被型组 (Vegetation Formation Group)	植被型 (Vegetation Formation)	植被图中对应编号 (Code of vegetation map)	群系 (Alliance)	面积 (Area)/km²	比例 (Percentage)/%
森林	落叶阔叶林	309	栓皮栎 (Quercus variabilis) 林	50.66	0.23
森林	落叶阔叶林	310	槲树 (Quercus dentata) 林	1.43	0.01
森林	落叶阔叶林	311	蒙椴 (Tilia mongolica) 林	0.12	<0.01
森林	落叶阔叶林	312	紫椴 (Tilia amurensis) 林	0.08	<0.01
森林	落叶阔叶林	313	山杨 (Populus davidiana) 林	45.18	0.21
森林	落叶阔叶林	314	山杨 (Populus davidiana) +桦树 (Betula spp.) 林	15.83	0.07
森林	落叶阔叶林	315	人工杨树 (Populus spp.) 林	91.35	0.42
森林	落叶阔叶林	316	旱柳 (Salix matsudana) 林	0.52	<0.01
森林	落叶阔叶林	317	榆树 (Ulmus pumila) 林	2.39	0.01
森林	落叶阔叶林	319	胡桃楸 (Juglans mandshurica) 林	13.27	0.06
森林	落叶阔叶林	320	元宝槭 (Acer truncatum) 林	0.05	<0.01
森林	落叶阔叶林	321	青檀 (Pteroceltis tatarinowii) 林	3.55	0.02
森林	落叶阔叶林	322	臭椿 (Ailanthus altissima) 林	0.07	<0.01
森林	落叶阔叶林	323	刺槐 (Robinia pseudoacacia) 林	700.35	3.23
灌丛	常绿革叶灌丛	401	照山白 (Rhododendron micranthum) 灌丛	0.66	<0.01
灌丛	落叶阔叶灌丛	402	鬼箭锦鸡儿 (Caragana jubata) 灌丛	0.22	<0.01
灌丛	落叶阔叶灌丛	403	金露梅 (Potentilla fruticosa) 灌丛	0.32	<0.01
灌丛	落叶阔叶灌丛	404	山杏 (Armeniaca sibirica) 灌丛	1 636.08	7.55
灌丛	落叶阔叶灌丛	405	山杏 (Armeniaca sibirica) +荆条 (Vitex negundo var. heterophylla) 灌丛	317.12	1.46
灌丛	落叶阔叶灌丛	406	山桃 (Amygdalus davidiana) 灌丛	193.09	0.89
灌丛	落叶阔叶灌丛	407	三裂绣线菊 (Spiraea trilobata) 灌丛	1 460.96	6.74
灌丛	落叶阔叶灌丛	408	土庄绣线菊 (Spiraea pubescens) 灌丛	1.65	0.01
灌丛	落叶阔叶灌丛	409	毛花绣线菊 (Spiraea dasyantha) 灌丛	5.05	0.02

植被型组 （Vegetation Formation Group）	植被型（Vegetation Formation）	植被图中对应编号（Code of vegetation map）	群系（Alliance）	面积 （Area）/ km²	比例/ （Percentage）/ %
灌丛	落叶阔叶灌丛	410	绣线菊（Spiraea spp.）灌丛	0.87	<0.01
灌丛	落叶阔叶灌丛	411	小花扁担杆（Grewia biloba var. parviflora）灌丛	0.02	<0.01
灌丛	落叶阔叶灌丛	412	荆条（Vitex negundo var. heterophylla）灌丛	5 227.48	24.11
灌丛	落叶阔叶灌丛	413	荆条（Vitex negundo var. heterophylla）+酸枣（Ziziphus jujuba var. spinosa）灌丛	42.16	0.19
灌丛	落叶阔叶灌丛	414	荆条（Vitex negundo var. heterophylla）+侧柏（Platycladus orientalis）灌丛	79.81	0.37
灌丛	落叶阔叶灌丛	415	丁香（Syringa spp.）灌丛	14.28	0.07
灌丛	落叶阔叶灌丛	416	暴马丁香（Syringa reticulata subsp. amurensis）灌丛	3.26	0.02
灌丛	落叶阔叶灌丛	417	红丁香（Syringa villosa）灌丛	2.79	0.01
灌丛	落叶阔叶灌丛	418	平榛（Corylus heterophylla）灌丛	0.22	<0.01
灌丛	落叶阔叶灌丛	419	虎榛子（Ostryopsis davidiana）灌丛	313.94	1.45
灌丛	落叶阔叶灌丛	420	大果榆（Ulmus macrocarpa）灌丛	5.40	0.02
灌丛	落叶阔叶灌丛	421	榆树（Ulmus pumila）灌丛	7.31	0.03
灌丛	落叶阔叶灌丛	422	黄栌（Cotinus coggygria）灌丛	44.45	0.20
灌丛	落叶阔叶灌丛	423	大叶白蜡（Fraxinus rhynchophylla）灌丛	0.04	<0.01
灌丛	落叶阔叶灌丛	424	小叶白蜡（Fraxinus bungeana）灌丛	2.34	0.01
灌丛	落叶阔叶灌丛	425	卵叶鼠李（Rhamnus bungeana）灌丛	0.92	<0.01
灌丛	落叶阔叶灌丛	426	少脉雀梅藤（Sageretia paucicostata）灌丛	82.52	0.38
灌丛	落叶阔叶灌丛	427	野皂荚（Gleditsia microphylla）灌丛	137.20	0.63
灌丛	落叶阔叶灌丛	428	胡枝子（Lespedeza bicolor）灌丛	0.33	<0.01
灌丛	落叶阔叶灌丛	429	大花溲疏（Deutzia grandiflora）灌丛	5.22	0.02
灌丛	落叶阔叶灌丛	430	蚂蚱腿子（Myripnois dioica）灌丛	5.70	0.03

植被型组 (Vegetation Formation Group)	植被型 (Vegetation Formation)	编号 (Code of vegetation map)	群系 (Alliance)	面积 (Area) / km²	比例 (Percentage) / %
灌丛	落叶阔叶灌丛	431	河朔尧花 (Wikstroemia chamaedaphne) 灌丛	3.17	0.01
灌丛	落叶阔叶灌丛	432	六道木 (Abelia biflora) 灌丛	0.36	<0.01
灌丛	落叶阔叶灌丛	433	木香薷 (Elsholtzia stauntonii) 灌丛	0.15	<0.01
灌丛	落叶阔叶灌丛	434	坚桦 (Betula chinensis) 灌丛	14.85	0.07
灌丛	落叶阔叶灌丛	435	沙棘 (Hippophae rhamnoides) 灌丛	0.46	<0.01
灌丛	落叶阔叶灌丛	436	密齿柳 (Salix characta) 灌丛	0.09	<0.01
灌丛	落叶阔叶灌丛	437	鹅耳枥 (Carpinus turczaninowii) 灌丛	699.19	3.22
灌丛	落叶阔叶灌丛	438	山蒿 (Artemisia brachyloba) 灌丛	0.31	<0.01
草原	丛生草类草原	501	大针茅 (Stipa grandis) 草原	0.58	<0.01
草原	根茎草类草原	502	羊草 (Leymus chinensis) 草原	2.61	0.01
草原	半灌木与小半灌木草原	503	铁杆蒿 (Artemisia sacrorum) 草原	371.79	1.71
草甸与草丛	草丛	601	白羊草 (Bothriochloa ischaemum) 草丛	97.48	0.45
草甸与草丛	草丛	602	黄背草 (Themeda triandra) 草丛	5.02	0.02
草甸与草丛	根茎草类草甸	701	嵩草 (Kobresia bellardii) +薹草 (Carex spp.) 草甸	17.25	0.08
草甸与草丛	根茎草类草甸	702	大拔针薹草 (Carex lanceolata) +地榆 (Sanguisorba officinalis) 草甸	19.89	0.09
草甸与草丛	丛生草类草甸	703	薹草 (Carex spp.) 草甸	11.26	0.05
草甸与草丛	丛生草类草甸	704	野青茅 (Deyeuxia arundinacea) 草甸	102.70	0.47
草甸与草丛	根茎草类草甸	705	大叶章 (Deyeuxia purpurea) 草甸	0.59	<0.01
草甸与草丛	丛生草类草甸	706	早熟禾 (Poa spp.) 草甸	0.03	<0.01
草甸与草丛	杂类草草甸	707	龙牙草 (Agrimonia pilosa) 草甸	14.00	0.06
草甸与草丛	杂类草草甸	708	地榆 (Sanguisorba officinalis) 草甸	2.40	0.01
草甸与草丛	杂类草草甸	709	拳蓼 (Polygonum bistorta) 草甸	0.90	<0.01

植被型组 (Vegetation Formation Group)	植被型 (Vegetation Formation)	植被图中对应编号 (Code of vegetation map)	群系 (Alliance)	面积 (Area) / km²	比例 (Percentage) / %
草甸与草丛	杂类草草甸	710	地榆（Sanguisorba officinalis）+金莲花（Trollius chinensis）杂类草草甸	0.73	<0.01
草甸与草丛	杂类草草甸	711	辽藁本（Ligusticum jeholense）杂类草草甸	0.01	<0.01
草甸与草丛	丛生草类草甸	712	长芒稗（Echinochloa caudata）沼泽草甸	0.65	<0.01
草甸与草丛	杂类草草甸	713	苍耳（Xanthium sibiricum）杂类草草甸	0.32	<0.01
沼泽与水生植被	草本沼泽	801	头状穗莎草（Cyperus glomeratus）沼泽	0.01	<0.01
沼泽与水生植被	草本沼泽	802	芦苇（Phragmites australis）沼泽	12.80	0.06
沼泽与水生植被	草本沼泽	803	香蒲（Typha orientalis）沼泽	7.23	0.03
沼泽与水生植被	草本沼泽	804	酸膜叶蓼（Polygonum lapathifolium）沼泽	0.13	<0.01
沼泽与水生植被	水生植被	806	莲（Nelumbo nucifera）群落	3.24	0.01
沼泽与水生植被	水生植被	807	其他湿地植物	5.58	0.03
农业植被	果园	901	板栗（Castanea mollissima）园	696.96	3.21
农业植被	果园	902	胡桃（Juglans regia）园	4.54	0.02
农业植被	果园	903	杏（Armeniaca vulgaris）园	24.94	0.12
农业植被	果园	904	苹果（Malus pumila）园	7.32	0.03
农业植被	果园	905	桃（Amygdalus persica）园	103.20	0.48
农业植被	果园	906	山楂（Crataegus pinnatifida）园	9.32	0.04
农业植被	果园	907	柿（Diospyros kaki）园	0.63	<0.01
农业植被	果园	908	枣（Ziziphus jujuba）园	2.60	0.01
农业植被	果园	909	葡萄（Vitis vinifera）园	9.62	0.04
农业植被	果园	910	果园	170.27	0.79
农业植被	粮食作物	913	农田	885.85	4.09
农业植被	粮食作物	913a	玉米（Zea mays）、小麦（Triticum aestivum）	167.43	0.77
农业植被	粮食作物	914	杂粮［黍（Panicum miliaceum）、高粱（Sorghum bicolor）等］	0.15	<0.01

植被型组 (Vegetation Formation Group)	植被型 (Vegetation Formation)	植被图中对应编号 (Code of vegetation map)	群系 (Alliance)	面积 (Area)/km²	比例 (Percentage)/%
农业植被	菜园	915	蔬菜园	1.40	0.01
农业植被	菜园	915a	白菜园	20.55	0.09
农业植被	菜园	915b	豇豆园	0.15	<0.01
农业植被	菜园	915c	豆角园	2.88	0.01
农业植被	其他经济作物	911	苗圃	15.14	0.07
农业植被	其他经济作物	916	向日葵、油葵	0.30	<0.01
城市植被	城市公园植被	912	绿地	0.57	<0.01
无植被地带	建筑	N1	建筑	521.71	2.41
无植被地带	裸地	N2	道路	146.07	0.67
无植被地带	裸地	N3	裸地	60.44	0.28
无植被地带	水体	N4	水体	317.86	1.47
合计				21 681.99	100.00